3D 打印理论与应用

姚俊峰　张　俊　阙锦龙　黄孕宁　著

科　学　出　版　社

北　京

内 容 简 介

本书重点阐述3D打印的基础知识与核心技术，并详细介绍3D打印技术在日常生活、工业、生物医学，以及教学等领域应用的精彩案例。本书还对3D打印的发展瓶颈做了介绍，同时对3D打印的未来发展做了大胆的预测。为了强化书中介绍内容的可操作性，还介绍了3D打印实战、3D打印与云计算、3D打印服务及其平台等。

本书可以作为研究生、本科生的教材，也可作为3D打印研发人员和爱好者的参考资料。

图书在版编目(CIP)数据

3D打印理论与应用/姚俊峰等著．—北京：科学出版社，2017.10

ISBN 978-7-03-054795-8

Ⅰ.3…　Ⅱ.①姚…　Ⅲ.①立体印刷-印刷术　Ⅳ.①TS853

中国版本图书馆CIP数据核字(2017)第248215号

责任编辑：魏英杰 / 责任校对：郭瑞芝

责任印制：张　伟 / 封面设计：陈　敬

科学出版社出版

北京东黄城根北街16号

邮政编码：100717

http://www.sciencep.com

北京厚诚则铭印刷科技有限公司 印刷

科学出版社发行　各地新华书店经销

*

2017年10月第　一　版　开本：720×1000 B5

2019年 3 月第三次印刷　印张：15 3/4

字数：318 000

定价：80.00元

（如有印装质量问题，我社负责调换）

前　言

3D打印属于增材制造技术，是快速成型的一种技术，以数字模型文件为基础，运用特殊材料，如蜡材、粉末状金属或塑料等可黏合材料，通过打印一层层的叠加来制造三维物体的技术。3D打印产业近年来已经成为最火热的产业之一，受到消费者和生产厂商的热捧，得到政府的高度重视。2012年我国举行了“中国3D打印技术产业联盟成立暨3D打印技术产业发展研讨会”，3D打印技术产业联盟的诞生，预示着中国3D打印技术产业发展步入黄金期。

我国3D打印产业起步相对欧美较晚，但由于3D打印产业的爆发主要在近些年，我国在3D打印的某些领域已达到世界较高水平。我国的一些高校，如清华大学、华中科技大学和西安交通大学等都开启了3D打印的研究。依托高校的科研成果，3D打印产业得到较快发展，并取得一定的成果。目前关于3D打印的书籍还不丰富，使3D打印知识的普及受到一定限制。因此，本书的推出将有利于弥补这一空缺。

本书是关于3D打印理论与应用的专业图书，参与者都常年工作在3D打印一线。全书共四篇，第一篇神奇的3D打印，介绍3D打印机的前世今生，并从知识产权、3D打印材料等方面入手，阐述3D打印的发展与瓶颈；第二篇3D打印技术，介绍3D打印的原理等方面的知识；第三篇3D打印技术应用，介绍3D打印技术在日常生活、工业、生物医学，以及教学等领域的精彩案例；第四篇3D云打印，介绍3D打印如何与云计算结合起来，同时介绍纳金网提供的基于云平台的3D打印服务。

姚俊峰对全书的写作进行了指导，并参与第2、3、6～9章的写作；张俊参与第5章写作；阙锦龙参与第10～13章写作；黄孕宁参与第1、4章的写作。郭振宇、赵丽袅、李欢参与文字编辑工作；吴金婷、林慕阳、颜林武、戴辉评、沈文光、谭顺心参与内容修改并提供部分案例；江倩倩为本书提供了封面设计。

限于作者水平，不妥之处在所难免，恳请各位读者批评指正。

目　录

第二篇 3D打印机技术

第三篇　3D 打印技术应用

第四篇　3D 云打印

第一篇

神奇的3D打印

第 1 章 3D 打印的前世今生

1.1 3D 打印的起源与发展

从历史角度回顾 3D 打印的发展历程，最早可以追溯到 19 世纪末。由于受到两次工业革命的刺激，18～19 世纪欧美国家的商品经济得到了飞速的发展，产品生产技术的革新是一个永远的话题。为了满足科研探索和产品设计的需求，快速成型技术在这一时期开始萌芽，例如 Willeme 光刻实验室也在这个阶段开展了商业的探索，可惜受到技术的限制没能成功。

快速成型技术在商业上获得真正意义上的发展是从 20 世纪 80 年代末开始的，在此期间也涌现过几次 3D 打印的技术浪潮，但总体来看 3D 打印技术仍保持着稳健的发展。2007 年，开源桌面级 3D 打印设备发布，此后新一轮的 3D 打印浪潮开始酝酿。2012 年 4 月，英国著名经济学杂志 *The Economist* 发表了一篇关于第三次工业革命的封面文章，全面掀起了新一轮的 3D 打印浪潮。下面简述 3D 打印技术的发展历程。

1892 年，Blanther 首次在公开场合提出使用层叠成型方法制作地形图的构想。

1940 年，Perera 提出的设想与 Blanther 不谋而合，他提出可以沿等高线轮廓切割硬纸板，然后层叠成型制作三维地形图。

1972 年，Matsubara 在纸板层叠技术的基础上首先提出可以尝试使用光固化材料，光敏聚合树脂涂在耐火的颗粒上面，然后这些颗粒将被填充到叠层，加热后生成与叠层对应的板层，光线有选择地投射到这个板层上将指定部分硬化，而没有被无线投射的部分将会使用化学溶剂溶解掉。这样板层将不断堆积，直到最后形成一个立体模型。这种方法适用于传统工艺难以制作加工的曲面。

1977 年，Swainson 提出可以通过激光选择性照射光敏聚合物的方法直接制造立体模型。与此同时，Battelle 实验室的 Schwerzel 也开展了类似的研究工作。

1979 年，日本东京大学的 Nakagawa 使用薄膜技术制作出实用的工具，如落料模、注塑模和成型模。

1981 年，Kodama 首次提出一套功能感光聚合物快速成型系统的设计方案。

1982 年，Hull 试图将光学技术应用于快速成型领域。

1986 年，Hull 成立 3D Systems 公司，并研发了著名的 STL 文件格式。STL 格式逐渐成为 CAD/CAM 系统接口文件格式的工业标准。

1988年,3D Systems公司推出世界上第一台基于光固化成型(stereo lightgraphy apparatus,SLA)技术的商用3D打印机SLA-250,如图1-1所示。其体积非常大,Charles把它称为立体平版印刷机。尽管SLA-250身形巨大且价格昂贵,但它的面世标志着3D打印商业化的起步。

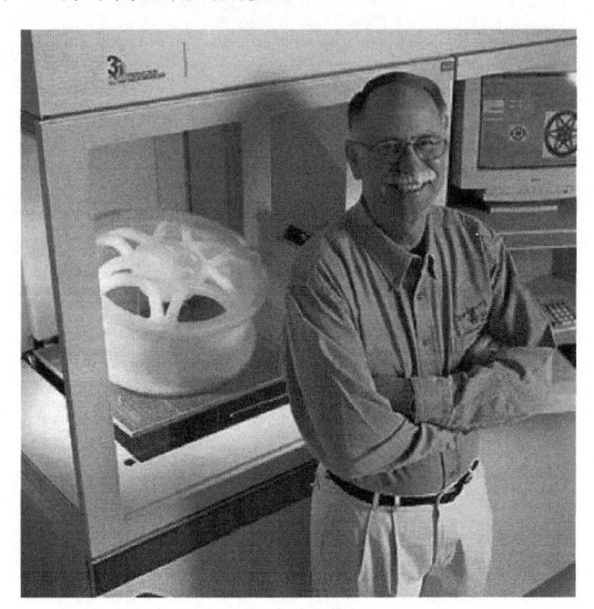

图1-1 Hull与世界上第一台商用3D打印机SLA-250

同年,Crump发明了另一种3D打印技术,即熔融沉积快速成型技术(fused deposition modeling,FDM),并成立了Stratasys公司[1]。

1989年,美国得克萨斯大学奥斯汀分校的Dechard发明了选择性激光烧结工艺(selective laser sintering,SLS)。SLS技术应用广泛并支持多种材料成型,如尼龙、蜡、陶瓷,甚至是金属。SLS技术的发明让3D打印生产走向多元化。

1992年,Stratasys公司推出第一台基于FDM技术的3D打印机——3D造型者,这标志着FDM技术步入商用阶段。

1993年,美国麻省理工大学的Sachs发明了三维印刷技术(three-dimension printing,3DP)。3DP技术通过黏结剂把金属、陶瓷等粉末黏合成型。

1995年,快速成型技术被列为我国十年十大模具工业发展方向之一,国内的自然科学学科发展战略调研报告也将快速成型与制造技术、自由造型系统,以及计算机集成系统研究列为重点研究领域之一。

1996年,3D Systems、Stratasys和Z Corporation各自推出新一代的快速成型设备Actua 2100、Genisys和Z402,此后快速成型技术便有了更加通俗的称谓——3D打印。

1999年,3D Systems推出了SLA 7000。

2002年,Stratasys公司推出Dimension系列桌面级3D打印机(图1-2),Dimension系列价格相对低廉,主要基于FDM技术,以ABS塑料为成型材料。

图1-2　高精度彩色3D打印机Spectrum Z510

2007年,3D打印服务创业公司Shapeways正式成立。Shapeways建立了一个规模庞大的3D打印设计在线交易平台,为用户提供个性化的3D打印服务,深化了社会化制造模式。

2008年,第一款开源的桌面级3D打印机RepRap发布。RepRap是英国巴恩大学Bowyer团队2005年的开源3D打印机研究项目,得益于开源硬件的进步与欧美实验室团队的无私贡献,桌面级的开源3D打印机为新一轮的3D打印浪潮带来契机。

2009年,Pettis带领团队创立了著名的桌面级3D打印机公司——MakerBot(图1-3)。MakerBot的设备主要基于早期的RepRap开源项目,但对RepRap的机械结构重新进行了设计,发展至今已经经历几代的升级,在成型精度、打印尺寸等指标上有了长足的进步。

图1-3　MakerBot

MakerBot 继承了 RepRap 项目的开源精神，其早期的产品同样是以开源的方式发布，在互联网上能够非常方便地找到 MakerBot 早期项目所有的工程材料，MakerBot 也出售设备的组装套件。此后，国内厂商便以这些材料为基础开始了仿造工作，国内的桌面级 3D 打印机市场也此打开[2]。

2012 年 9 月，3D 打印的两个领先企业 Stratasys 和 Objet 宣布合并，交易额为 14 亿美元，合并后的公司名仍为 Stratasys。此项合并进一步确立了 Stratasys 在高速发展的 3D 打印及数字制造业中的领导地位。

2012 年 10 月，来自 MIT Media Lab 的团队成立 Formlabs 公司，并发布了世界上第一台廉价高精度 SLA 消费级桌面 3D 打印机 Form1，引起业界的重视(图 1-4)。此后在著名众筹网站 Kickstarter 上发布的 3D 打印项目呈现百花齐放的盛况，国内的生产商也开始研发基于 SLA 技术的桌面级 3D 打印机[3]。

图 1-4　Formlabs 公司推出的桌面级 3D 打印机

同期，由亚洲制造业协会联合华中科技大学、北京航空航天大学、清华大学等科研机构和 3D 行业领先企业共同发起的中国 3D 打印技术产业联盟正式宣告成立。国内关于 3D 打印的门户网站、论坛、博客如雨后春笋般涌现，各大报刊、网媒、电台、电视台也争相报道关于 3D 打印的新闻。

3D 打印机通常被认为是一款日常生活中经常会用到的家电产品。为什么说 3D 打印机是款家电产品呢？首先，我们大胆假设下，如果人们在安装某设备时，突然发现少了一颗螺丝，正常情况下会去五金店里买，但有了 3D 打印机之后，就可以在家中打印一个相符的螺丝，用户无需出门就可以解决困扰。另外，用户也可通过 3D 打印机制作产品，比如在网络上看见非常别致的装饰品，就可通过 3D 打印机将其打印出来。当然，生活中会使用到 3D 打印机的机会当然不止这些。

2013 年，《环球科学》邀请各领域的科学家，经过数轮讨论评选出了 2012 年最值得铭记、对人类社会产生影响最为深远的十大科技成果，其中 3D 打印位列第九。

1.2 3D打印的成长期

自2008年开始,个人3D打印设备的销量呈爆发式增长。2011年全球个人3D打印设备销量为23 265台,同比增长近3倍。个人消费需求的爆发主要源自两方面的原因:一是"数字化设计+快速成型"的组合大幅简化了从创意到产品的过程,从而刺激了多种个性化需求的释放;二是随着技术的发展,3D打印设备的价格已经降至普通人可以承受的水平,个人3D打印机的价格通常在5000美元以下,便宜的已降至一两千美元。或许在不远的将来,3D打印机将和PC一样走进千家万户[4]。

目前,个人3D打印设备主要应用在满足人们的个性化需求,用户可以在自己家中设计并制作独具个性的首饰、玩具、餐具等产品;基于3D打印技术的"3D照相馆"可以为人们留下逼真的立体影像等。

3D打印设备与互联网相结合,带来了商业模式的创新。例如,提供3D打印服务的网络平台——Shapeways在不到6年的时间里已经注册了6000名独立设计师和十几万用户。类似的网站还有ponoko、i. materialise等。用户通过这些网站可以购买设计模型、订购3D打印产品,也可以自己开设商店,出售3D打印产品、设计或材料。设计师、加工厂及用户之间的交流和交易成本大大降低,甚至已经模糊了彼此之间的界限。新的商业模式不仅满足了个人的创造欲望,还可以将其转化为商品盈利,反过来必将进一步推动个人3D打印需求的增长。克里斯·安德森所说的"创客"时代正在一步步走进现实[5]。

与此同时,3D打印如同所有重大科技一样都是处于短期被高估、长期被低估的状态。

随着技术的不断进步,3D打印已经成功应用于消费电子、汽车、医疗、航空航天等行业,且直接零部件加工所占的比例不断提高,个人消费市场也已经呈现爆发式增长。但是,市场对3D打印技术的期待并不止如此。2012年4月,《经济学人》杂志刊登了关于数字化制造和3D打印的文章,并将其定位为引领"第三次工业革命"的关键技术。奥巴马在国情咨文中也将3D打印作为重振美国制造业的关键技术,甚至提高到了国家战略的高度。

近年来,国内实业界和资本市场对于3D打印的热情急剧升温,政府部门对3D打印的政策支持力度也在加大。科技部《国家高技术研究发展计划(863计划)、国家科技支撑计划制造领域2014年度备选项目征集指南》,首次将3D打印产业纳入其中。甚至有专家认为,3D打印作为一项颠覆性的制造技术,谁能够最大程度的研发、应用,谁就能掌握制造业乃至工业发展的主动权[6]。

3D打印技术在短期之内被炒得如此之热,或许并不利于3D打印行业的长期发展，多位业内专家均表达了类似担忧。克里斯·安德森(《连线》杂志前主编，《长尾理论》、《免费：商业的未来》、《创客：新工业革命》的作者)曾经说过："所有重大科技都是短期内被高估，长期被低估。"3D 打印技术当前的处境也是如此。

客观而言，3D 打印技术尽管潜力巨大，但以现有的技术条件尚不具备取代传统工艺的实力，在规模经济、加工精度、材料等方面仍存在明显不足。目前，3D 打印技术的优势主要体现在小批量、定制化、结构复杂的产品制造领域。因此，在未来相当长的时期内，3D 打印相对于传统制造业而言，都是一种补充，而非颠覆，这个判断其实也是业内的普遍共识。Stratasys 中国公司总经理表示，全球主流 3D 打印企业中，实际上没有一家将打印最终产品作为主要市场方向。西安交通大学的卢秉恒院士、史玉升教授等 3D 打印领域的专家都表示，目前还看不到 3D 打印取代传统制造业的可能。

当然，如果放在足够长的时间内考虑，我们也不能完全排除 3D 打印带来新工业革命的可能。就像《经济学人》的文章所说，伟大发明所能带来的影响，在当时那个年代都是难以预测的，18 世纪 50 年代的蒸汽机如此，15 世纪 50 年代的印刷术如此，20 世纪 50 年代的晶体管也是如此。我们仍然无法预测，3D 打印机将在漫长的时光里将如何改变世界。

当前，全球 3D 打印行业重回高增长，且未来 5～10 年仍将保持年均 20%以上的增长。

2012 年，全球 3D 打印行业总产值约为 22 亿美元，同比增长 28%。回顾历史，3D 打印行业在 20 世纪 90 年代初曾经出现过每年 40%以上的高速增长，但随后增速逐步趋于平缓；21 世纪的前十年(2000～2009 年)，全球 3D 打印行业的年均复合增长率仅为 7.76%，互联网泡沫后的 2001～2002 年，以及金融危机后的 2009 年，3D 打印行业甚至出现了负增长，但是从 2010 年开始，随着 3D 打印技术的进步和个人需求的爆发，3D 打印行业再次进入快速成长期，2010～2012 年的年均复合增长率超过 27%。

据 Wohlers Associates 预测，至 2021 年全行业实现产值将达到 108 亿美元。联合国世界知识产权组织负责人格里则表示，2010 年以来的高增长将得以延续，2015 年全球 3D 打印行业总产值达到 337 亿美元，年均增速 28%以上。中国 3D 打印产业同样潜力巨大[7]。中国的 3D 打印技术尽管在某些特定领域(如大型钛合金结构件激光快速成型)取得了国际领先地位，但整体而言和美国仍有较大差距。从 3D 打印设备的生产数量来看，截至 2011 年年底，全球累计销售了 4.9 万台专业 3D 打印机，其中近四分之三为美国制造，而中国制造的 3D 打印设备仅占 3.6%；从 3D 打印设备的保有量来看，美国仍以将近 40%的占比遥遥领先，德国和日本也分别占有近 10%的份额，而中国的占比却不足 9%。

中国的3D打印产业处于发展的初级阶段,仍存在部分核心技术与材料依赖进口、产业资源“小而散”、产业化程度不高等问题。但作为全球制造业第一大国和人口第一大国,不论是工业应用还是个人消费,其增长潜力都得到国内外专家与企业界的一致认可。英国增材制造联盟主席Tromas表示,3~5年内中国有潜力成为世界最大的3D打印市场。世界3D打印技术产业联盟秘书长罗军在“2013世界3D打印技术产业大会”上表示,中国有潜力成为全球最大的3D打印市场,未来3~5年有望以每年至少一倍的速度增长。

但是,3D打印机的发展,并不是一帆风顺的,仍旧有很长的路要走,有很多影响该产业发展的不良因素,主要表现在以下几个方面。

① 价格因素:大多数桌面级3D打印机的售价在2万元人民币左右,一些仿制品价格可以低至6000元。对于桌面级3D打印机来说,由于仅能打印塑料产品,因此使用范围非常有限,而且对于普通家庭用户来说,3D打印机的使用成本仍然很高。因为在打印一个物品之前,人们必须先学会3D建模,然后将模型数据转换成3D打印机能够读取的格式,最后再进行打印。

② 原材料因素:3D打印不是一项高深艰难的技术。它与普通打印的区别就在于打印材料。以色列的Object是掌握最多打印材料的公司,已经可以使用14种基本材料,并在此基础上使用两种材料的混搭及上色等。但是,这些材料与人们生活的大千世界里的材料相比,还相差甚远。不仅如此,这些材料的价格便宜的也要几百元一千克,贵的要四万元左右一千克,如图1-5所示[8]。

图1-5 打印材料

③ 社会风险成本因素:如同核反应既能发电,又能产生破坏一样。3D打印技术在初期就让人们看到了一系列隐忧,而未来的发展也会令不少人担心。如果什么都能复制,想到什么就能制造出什么,听上去很美好,同时也让人恐惧。

④ 著名的3D打印悖论：3D打印是一层层来制作物品，如果想把物品制作得更精细，则需要每层厚度减小；如果想提高打印速度，则需要增加层厚，而这势必影响产品的精度质量。若生产同样精度的产品，同传统的大规模工业生产相比，没有成本上的优势，尤其是考虑到时间成本和规模成本之后。

图1-6为CNC加工中心。图1-7为传统大规模生产图片。

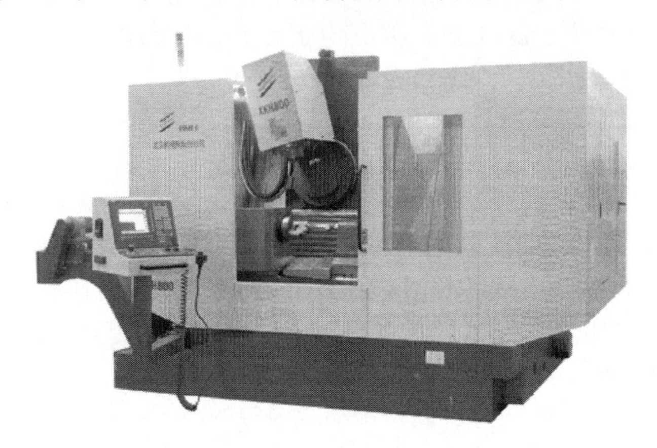

图1-6　CNC加工中心

图1-7　传统大规模生产

⑤ 整个行业没有标准，难以形成产业链：21世纪3D打印机生产商是百花齐放。但3D打印机缺乏标准，同一个3D模型给不同的打印机打印，所得到的结果是大不相同的。此外，打印原材料也缺乏标准，3D打印机厂商都想让消费者买自己提供的打印原料，这样他们就可以获取稳定的收入。这样做虽然可以理解，但3D打印机生产商所用的原料一致性太差，从形式到内容千差万别，这让材料生产

商很难进入，研发成本和供货风险都很大，难以形成产业链。表面上是 3D 打印机捆绑了 3D 打印材料，事实上却是材料捆绑了打印机，非常不利于降低成本，抵抗风险。

⑥ 意料之外的工序：3D 打印前所需的准备工序，打印后的处理工序让很多人认为 3D 打印就是设计一个模型，不管多复杂的内面、结构，只要按下按钮，打印机就能打印出一个成品。这个印象其实不正确。真正设计一个模型，特别是一个复杂的模型，需要大量的工程、结构方面的知识，需要精细的技巧，并根据具体情况进行调整。以塑料熔融打印来举例，如果一个复杂部件内部没有合理设计的支撑，打印的结果很可能是会变形的。媒体将 3D 打印描述成打印完毕就能直接使用的神器，可事实上制作完成后还需要打磨、烧结、组装、切割等工序，这些过程通常需要大量的手工工作来完成。

⑦ 缺乏杀手锏产品及设计：都说 3D 打印能给人们巨大的生产自由度，能生产前所未有的东西。可直到 2012 年，这种“杀手”级别的产品几乎没有。做些小规模的饰品，艺术品是可以的，做逆向工程也可以，但要谈到大规模工业生产，3D 打印还不能取代传统的生产方式。如果 3D 打印能生产别的工艺所不能生产的产品，而这种产品又能极大提高某些性能，或能极大改善生活的品质，这样或许能更快地促进 3D 打印机的普及，可 2012～2013 年 3D 打印机在这方面并不尽如人意[9]。

1.3　早期的 3D 打印机

1982 年，美国工程师查克 · 赫尔当时最大的愿望是能够拥有一台制造模具的机器，这样工作起来要省时省力许多。两年后，赫尔终于在喷墨打印机那里找到了灵感，通过逐层叠加薄层，利用紫外线固化后可以形成固体模型。1986 年，赫尔把这一发明命名为光固化快速成型术，并成功申请了专利，创办了 3D Systems 公司，这也是世界上第一家 3D 打印技术公司。图 1-8 为查克 · 赫尔照片[10]。

当时查克 · 赫尔在一家紫外线产品（UVP）的中型制造厂工作。身为一名受过训练的工程师兼物理学家，赫尔主导研发了紫外光固化树脂，这种树脂可涂在家具及其他物体的表面作为保护层。

在 UVP 公司的一间密室里，赫尔造出了第一台简陋的 3D 打印机。他把液体树脂倒进一个小盆里，还架设了一个平台，由小盆里的电动升降装置来控制。然后，赫尔安装了一套顶端有遮板的移动式紫外光装置，并编写了一些软件来控制这些零件。平台会上升到树脂表层的附近，以便将薄薄的一层液体喷涂在上面。这时紫外光装置发出光线，塑胶变硬，接着机器把平台降低，涂上一层新的树脂，制作工程便重新来一遍。

图 1-8　查克·赫尔

当赫尔把这台机器展示给 UVP 公司的总裁时，却得到一个令人沮丧的消息：公司业务每况愈下，赫尔和另外几名员工都将被解雇。于是他和总裁谈条件：他将围绕着这项新技术开一家公司，并给予 UVP 部分所有权。赫尔为这一工艺流程申请了专利，称之为立体印刷。“我到了 40 多岁才开始创业，”他说，“我们给公司取名为 3D Systems，并一路向前狂奔。”

1988 年，3D Systems 的第一台立体平版印刷机问世，3D 打印的大幕由此揭开。赫尔的第一台 3D 打印机使用树脂作为“墨”，用一盏可移动的紫外线灯使一层薄薄的树脂凝固定型，并不断重复这个过程。由于采用紫外光对物体进行固化，这项技术使用的材料有一定的局限性，而且无论是机器本身，还是光固化材料都价格高昂，因此这项技术并没有迅速普及。

与此同时，也出现了另一些同类技术。20 世纪 80 年代中期，传感器制造商 IDEA的联合创始人和销售副总裁斯科特·克伦普也决定采用添加制造技术来解决 CAD 设计模型很难被转化成真实样品的问题。与立体平版印刷不同，克伦普的技术采用的是热塑性塑料材料。高温熔化后的液态塑料被放在容器中，并由一个或多个喷头根据 CAD 模型的数据喷射到承载物体的桌面上的指定位置，材料在喷出后迅速固化，喷头或桌面在电脑的操控下水平移动完成一层物体的打印，重复这一过程可堆积成完整的物品，冷却定型后物品便可投入使用。这项技术在 1989 年获得专利，克伦普把它命名为熔融沉积建模。同年，克伦普创立 Stratasys 公司，并担任 CEO。

1989 年成立的公司还有采用激光粉末烧结技术的德国 EOS 公司。该技术的原理是激光有选择地分层烧结固体粉末，使烧结成型的固化层一层层叠加，生成所需形状的零件。与其他 3D 打印技术相比，激光粉末烧结技术可适用的材料范围非常广泛，而且大部分都是制造领域的常用材料，因此这项工艺的适用范围广，常常被用来制造功能测试件，或者直接制造小批量成品。时至今日，激光粉末烧结仍被视为快速成型和 3D 打印技术的发展趋势。

德国也由此成为 3D 打印技术方面的领先国家。实际上，目前世界上五家最先进的 3D 打印技术企业中，前三家都是德国的公司。

关于 3D 打印机的发明，还存在另外一种说法。大多数人认为，第一台 3D 打印机是由查尔斯 · W · 赫尔发明的，使用一种称为立体光刻的技术。但许多人不知道，该技术是由比尔 · 格林维尔早在 20 世纪 80 年代初期发明的。比尔 · 格林维尔早期申请的 3D 打印机专利结构如图 1-9 所示。

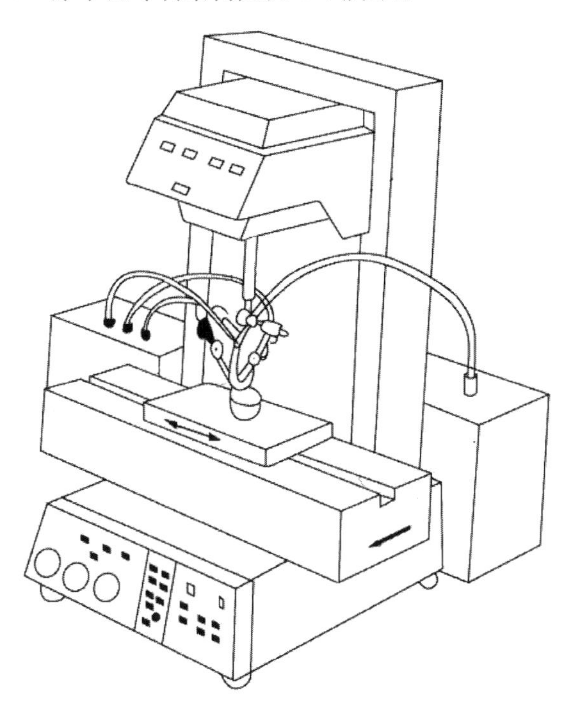

图 1-9　比尔 · 格林维尔早期申请的 3D 打印机专利结构示意图

比尔大师是一个发明家，但他称自己是企业家。他试图解释他的想法给别人，“我想出了扔球的比喻，你站在阳台上扔一个球下来，那么你扔一个又一个，这些球可以组成你想要的形态。”比尔拥有多项 3D 打印的专利。3D 打印机实样如图 1-10 所示。

图 1-10　比尔·格林维尔发明的 3D 打印机实样

1.4　小　　结

本章介绍了 3D 打印机的发展历程，以编年体的方式介绍从 3D 打印机的初期开始，经过逐渐演变和技术更新的过程，让读者有一个整体的了解。此外，还介绍了 3D 打印的发展时期，以及国内现在的发展状况。

参 考 文 献

[1] 张力伟. 中国 3D 打印技术与产业的发展及前景. 中小企业管理与科技，2013，15：253-254.

[2] 王刚. 知识产权视角下的 3D 打印技术. 电视技术，2013，S2：47-48，74.

[3] 张桂兰. 解密 3D 打印. 印刷技术，2013，19：38-41.

[4] 李青，王青. 3D 打印：一种新兴的学习技术. 远程教育杂志，2013，8(4)：29-35.

[5] 王雪莹. 3D 打印技术与产业的发展及前景分析. 中国高新技术企业，2012，9(26)：3-5.

[6] 刘国信. 3D 打印的魔法时代. 发明与创新，2013，4：9-12.

[7] 古丽萍. 蓄势待发的 3D 打印机及其发展. 数码印刷，2011，10：64-67.

[8] 杜宇雷，孙菲菲，原光，等. 3D 打印材料的发展现状. 徐州工程学院学报(自然科学版)，2014，3(1)：20-24.

[9] 余冬梅，方奥，张建斌. 3D 打印：技术和应用. 金属世界，2013，6：6-11.

[10] 吴凡. 造物的未来. 中国新闻周刊，2012，12(45)：25-27.

第2章　3D打印的发展与瓶颈

2012年4月，英国《经济学人》刊文认为，3D打印技术将与其他数字化生产模式一起，推动第三次工业革命的实现[1]。有人称它是“第三次工业革命”的标志性产物，有人说它对制造业毫无价值。本章从工业革命谈起，为大家阐述3D打印的发展与瓶颈。

2.1　3D打印的发展——第三次工业革命

到目前，人类已经经历了两次工业革命，为人类发展工业文明奠定了基础。进入21世纪，第三次工业革命的提法不断见诸报端。那么第三次工业革命的标志是什么呢？3D打印是否是第三次工业革命的标志性产物呢？本节首先介绍前两次工业革命的发展简史及其标志性产物，然后讨论第三次工业革命，以及3D打印技术与第三次工业革命的关系。

2.1.1　第一次工业革命

18世纪60年代，英国发起的工业革命是工业发展史上的一次革命，它开创了以机器生产代替手工制作的时代。这不仅是一次技术改革，更是一场深刻的社会变革。这场革命是以蒸汽机的诞生开始的，以蒸汽机（图2-1）作为动力机被广泛

图2-1　蒸汽机

使用为标志的。这一次技术革命和与之相关的社会关系的变革，被称为第一次工业革命或者产业革命。从生产技术方面来说，工业革命使工厂代替了手工工场，用机器代替了手工劳动；从社会关系来说，工业革命使依附于落后生产方式的自耕农阶级消失了，资产阶级和无产阶级形成并壮大起来。

2.1.2　第二次工业革命

1870年以后，科学技术的发展突飞猛进，各种新技术和新发明层出不穷，并被迅速应用于工业生产，大大促进了经济的发展，这就是第二次工业革命。当时，科学技术的突出发展主要表现在三个方面，即电力的广泛应用、内燃机和新交通工具的创造、新通信手段的发明(图2-2)。

图2-2　爱迪生和他发明的电灯

2.1.3　第三次工业革命

第三次工业革命是人类文明史上继蒸汽技术革命和电力技术革命之后科技领域里的又一次重大飞跃。它以原子能、电子计算机、空间技术和生物工程的发明和应用为主要标志，涉及信息技术、新能源技术、新材料技术、生物技术、空间技术和海洋技术等诸多领域的一场信息技术革命。这次科技革命不但极大地推动了人类社会经济、政治、文化领域的变革，而且影响了人类的生活方式和思维方式，使人类的社会生活和现代化向更高的境界发展[1]。

2013年1月4日，《人民日报》发表专题文章《3D打印成第三次工业革命重大标志》，一石激起千层浪，这篇文章更加激发了当前工业界对3D打印的关注与追踪。

综上所述，每次工业革命的标志性产物都意味着该产物是革命性的，对当时社会的经济生活产生了革命性的影响。3D打印由于无法批量生产，且打印材料品种太少，短期内还无法对我们的经济生活产生革命性的影响。因此，我们认为，3D打印虽是当今工业的一大创新(图 2-3),发展前景不可小觑,但是将它作为第三次工业革命的标志性产物还为时尚早。

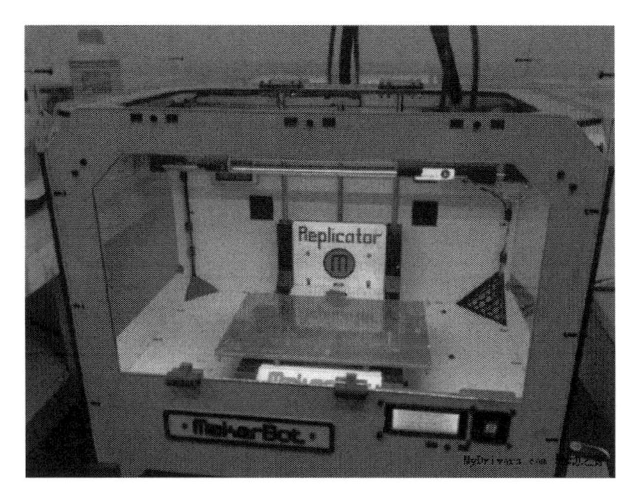

图 2-3　3D 打印机

2.2　打印耗材对 3D 打印产业的制约

目前,3D 打印耗材主要分为工程塑料和光敏树脂两大类。

2.2.1　工程塑料

工程塑料是用做工业零件或外壳材料的工业用塑料,其强度、耐冲击性、耐热性、硬度及抗老化性等均优。

① PC 材料,是真正的热塑性材料,具备工程塑料的所有特性。强度高、耐高温、抗冲击、抗弯曲,可以作为零部件使用,应用于交通工具及家电行业。

② PC-ISO 材料,是一种通过医药卫生认证的热塑性材料,广泛应用于药品及医疗器械行业,可以作为手术材料,如颅骨修复、牙科等专业领域。

③ PC-ABS 材料,是一种应用最广泛的热塑性工程塑料,应用于汽车、家电及通信行业。

1. 尼龙玻纤(图 2-4)

材料说明:尼龙玻纤的外观是一种白色粉末。比起普通塑料,其拉伸强度、弯曲强度都有所增强,热变形温度和材料的模量都有所提高,材料的收缩率减小了,但材料表面变得粗糙,抗冲击强度降低。

材料应用:汽车、家电、电子消费品。

图 2-4 尼龙玻纤材料

材料颜色：白色。

材料热变形温度：110℃。

2. 彩色石膏材料（图 2-5）

材料说明：材料本身是基于石膏制作的，所以易碎、坚固、色彩清晰，材料给人的感觉像岩石。基于在粉末介质上逐层打印的成型原理，3D打印成品在处理完毕后，表面可能出现细微的颗粒效果，且在曲面表面可能出现细微的年轮状纹理。

材料应用：动漫、玩偶、建筑等。

材料颜色：全彩色。

材料热变形温度：200℃。

3. 耐用性尼龙材料（图 2-6）

材料说明：材料是一种非常精细的白色粉粒，其样件强度高，同时具有一定的柔韧性，可以承受较小的冲击力，并在弯曲的状态下抵抗一些压力。它的表面有一种沙的、粉末的质感，略微疏松。

材料应用：汽车、家电、电子消费品。

材料颜色：白色。

材料热变形温度：110℃。

图 2-5　彩色石膏材料

图 2-6　耐用性尼龙材料

4. 多色树脂(图 2-7)

材料说明:材料集尺寸稳定性和细节可视性于一身,适用于模拟标准塑料和制作模型,可以实现逼真的产品效果。非常适用于装配与外观测试、活动部件与组装部件、展览与营销模型、电子元件的组装、硅胶模具等。

材料应用：电子消费品、家电、汽车制造、航空航天、医疗器械。

材料颜色：白色、蓝色、黑色。

材料热变形温度：45℃。

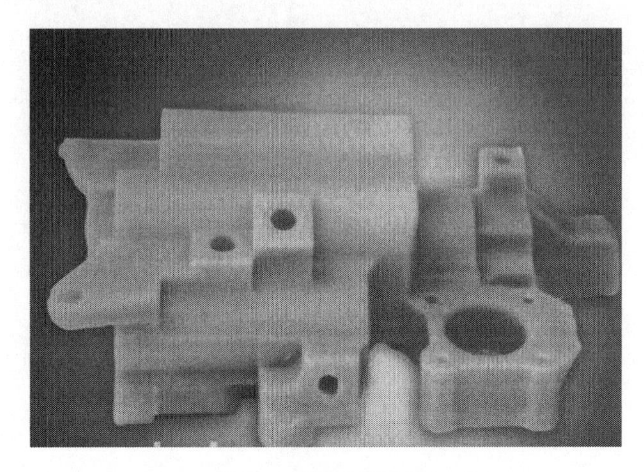

图 2-7　多色树脂材料

5. 尼龙铝材料(图 2-8)

材料说明：材料由一种灰色铝粉及腈纶混合物制作而成。尼龙铝是一种高强度并且坚硬的材料，做成的样件能够承受较小的冲击力，并能在弯曲状态下抵抗定的压力。它的表面是一种沙的、粉末的质感，略微有些疏松。

图 2-8　尼龙铝材料

6. 钛合金(图 2-9)

材料说明：生产最终使用的金属样件，质量可媲美开模加工的模型。材料的强度非常高，能制作最小细节的尺寸为 0.1mm。

图 2-9　钛合金

7. 不锈钢(图 2-10)

材料说明:材料由一种加入了铜的不锈钢粉制作而成。不锈钢在金属 3D 打印中是最便宜的一种打印耗材,既具有高强度,又适合打印大物品。

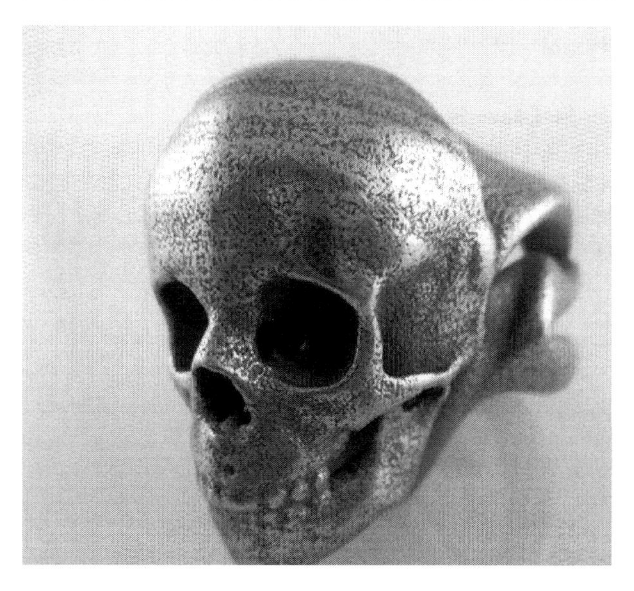

图 2-10　不锈钢

8. 半透明树脂(图 2-11)

材料说明:集高尺寸稳定性、生物相容性和表面平滑度于一身的标准塑料模拟材料,非常适用于透明或透视部件的成形和拟合测试,如玻璃、眼镜、灯罩、灯箱,液流的可视化,如彩染、医疗、艺术与展览模型等。

材料应用:电子消费品、家电、汽车制造、航空航天、医疗器械。

材料颜色:半透明微黄。

材料热变形温度:45℃。

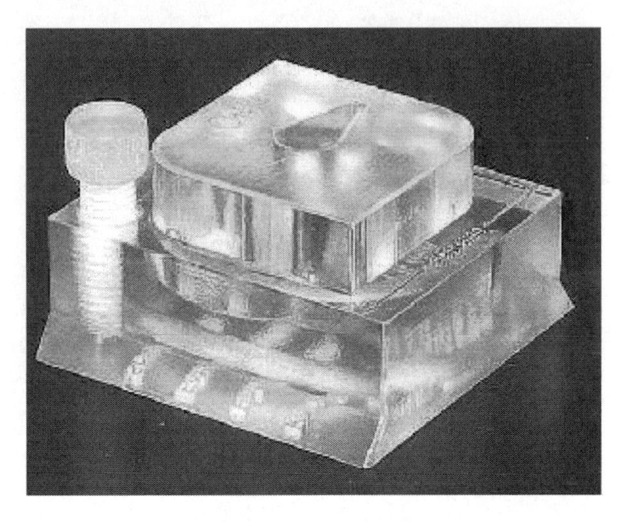

图 2-11　半透明树脂

9. 镀银(图 2-12)

材料说明:这种材料是一种坚固的标准银。银是一种导热、导电性很强的金属,将其打磨后表面非常明亮,并且极具延伸性。

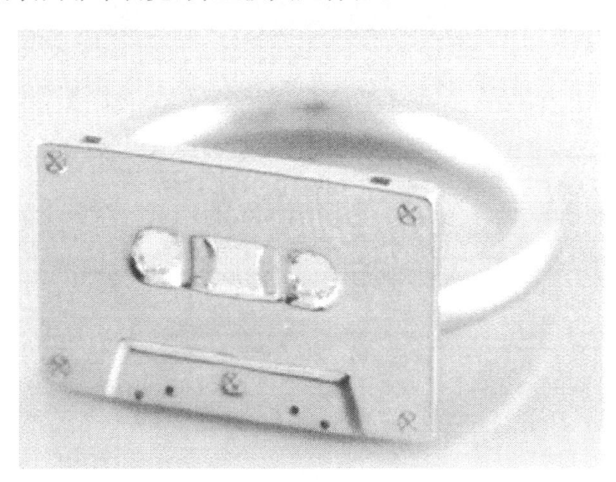

图 2-12　镀银

10．镀金(图2-13)

材料说明：用于给金属和非金属物体表面进行镀金处理，以黄金的光泽替代被镀材料的色泽，提高物件的观赏性。

图2-13　镀金

11．橡胶类材料(图2-14)

材料说明：橡胶类材料是具备多种级别的弹性材料，其特征包括肖氏A级硬度、断裂伸长率、抗撕裂强度和拉伸强度，适用于要求防滑或柔软表面的应用领域，如消费类电子产品、医疗设备和汽车内饰。

材料应用：展览与交流模型、橡胶包裹层和覆膜、柔软触感涂层和防滑表面、旋钮、把手、拉手、把手垫片、封条、橡皮软管、鞋类等。

材料颜色：黑色。

材料热变形温度：50℃。

图2-14　橡胶类材料

12．ABS-ESD7防静电塑料材料(图2-15)

材料说明：ABS-ESD7是一种基于ABS-M30的热塑性工程塑料，具备静电消散性能，可以用于防止静电堆积的产品。主要用于易被静电损坏、因静电降低产品性能或引起爆炸的物体。由于ABS-ESD7能防止静电积累，因此不会导致静态震动，也不会造成粉末、尘土和微小颗粒物在物体表面吸附。该材料是理想的用于电路板等电子产品的包装和运输材料，广泛用于电子元器件的装配夹具和辅助工具。

材料应用：电子消费品、包装行业。

材料颜色：黑色。

材料热变形温度：90℃。

图 2-15　ABS-ESD 防静电塑料材料

13. PPSF 材料(图 2-16)

PPSF 俗称聚纤维酯，通过与 Fortus 设备的配合使用，可以达到非常好的效果。

材料说明：PPSF 是热塑性材料中强度最高、耐热性最好、抗腐蚀性最强的材料，广泛用于航空航天、交通工具及医疗行业，通常作为零部件使用。PPSF 材料能直接数字化制造，性能非常稳定。

材料应用：商业交通工具行业、汽车行业。

材料颜色：琥珀色。

材料热变形温度：189℃。

14. PC 材料(图 2-17)

材料说明：PC 材料是真正的热塑性材料，具备高强度、耐高温、抗冲击、抗弯曲等特点，可以作为零部件使用。使用 PC 材料制作的样件，可以直接装配使用，广泛应用于交通工具和家电行业。PC 材料的强度比 ABS 材料的强度高出 60%左右，具备超强的工程材料属性。

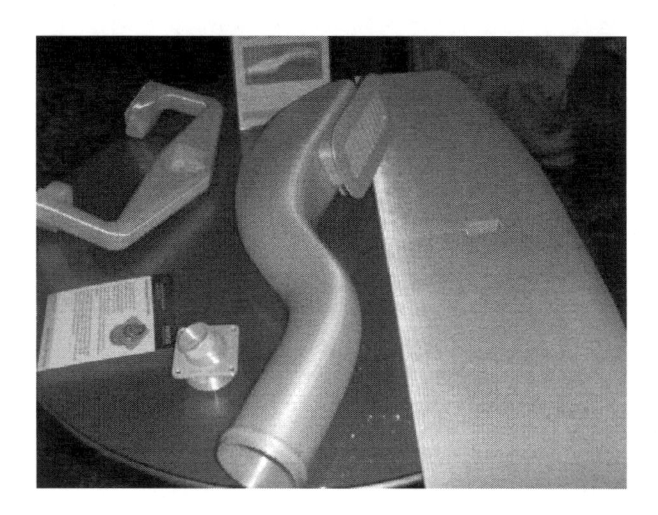

图 2-16　PPSF 材料

材料应用：电子消费品、家电、汽车制造、航空航天、医疗器械。

材料颜色：白色。

材料热变形温度：138℃。

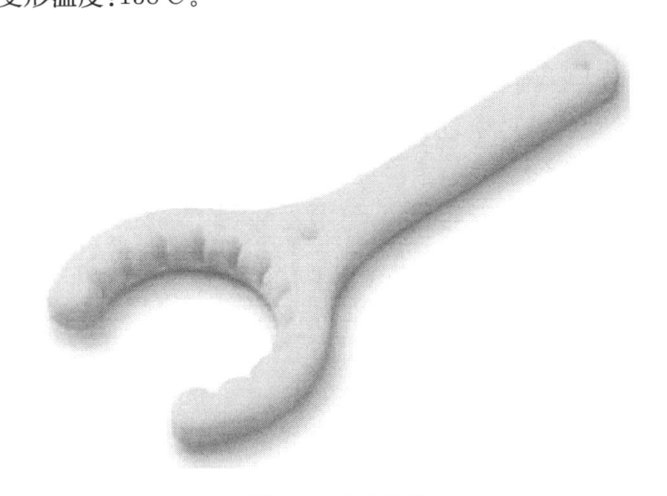

图 2-17　PC 材料

15. ABSPlus 材料(图 2-18)

材料说明：ABSPlus 材料是快速成型工艺常用的热塑性工程塑料，具备强度高、韧性好、耐冲击等特点。正常变形温度超过 90℃，可以机械加工、钻孔、螺纹、喷漆及电镀。

材料应用：汽车、家电、电子消费品。

材料颜色:象牙白、白色、黑色、深灰、红色、蓝色、玫瑰红色、亮黄色、橄榄绿色。
材料热变形温度:90℃。

图 2-18　ABSPlus 材料

16. ULTEM9085 材料(图 2-19)

材料说明:ULTEM9085 材料防火、无烟、无毒、强度高、耐高温、抗腐蚀,并通过 FST 认证,是数字化制造的理想材料之一。独特的材料性能配合快速成型使用,降低成本、节省时间。
材料应用:商业交通工具、航空航天、大型家电。
材料颜色:琥珀色。
材料热变形温度:153℃。

图 2-19　ULTEM9085 材料

17. ABS-M30i 材料(图 2-20)

材料说明:ABS-M30i 是一种高强度材料,制作的样件可以通过生物相容性认证,通过伽马射线照射及 EtO 灭菌测试。通过与 Fortus 3D 成型系统的配合,能够带来具备优秀医学性能的概念模型、功能原型、工具制造及最终零部件的生物相容性部件。

材料应用:医学研究、食品包装、医疗器械。

材料颜色:白色。

材料热变形温度:90℃。

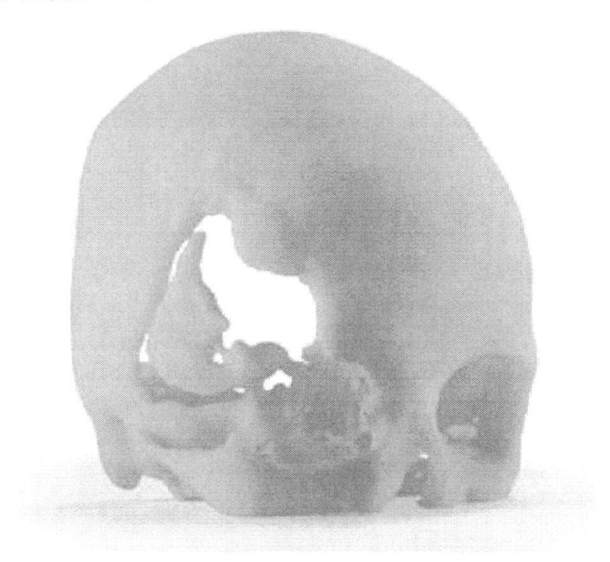

图 2-20　ABS-M30i 材料

18. ABSi 材料(图 2-21)

材料说明:ABSi 材料具有耐热性高、强度高等特点,颜色呈琥珀色,并能很好地体现光源的效果。

材料应用:汽车灯、LED。

材料颜色:半透明琥珀色。

材料热变形温度:86℃。

19. PC-ABS 材料(图 2-22)

材料说明:PC-ABS 材料是一种应用广泛的热塑性工程塑料,具备 ABS 材料的韧性和 PC 材料的高强度及耐热性。使用该材料配合 Fortus 3D 设备制作的样

图 2-21　ABSi 材料

件强度比传统的 FDM 系统制作的样件强度高出 60％左右，所以使用该材料可以制作概念模型、功能原型、制造工具及最终零部件等。

材料应用：传统注模产品、电子消费品、大型家电、汽车行业。

材料颜色：黑色。

材料热变形温度：110℃。

图 2-22　PC-ABS 材料

20. PC-ISO 材料(图 2-23)

材料说明:PC-ISO 材料是一种通过医药卫生认证的热塑性材料,多用于药品及医疗器械行业,具有很高的强度,可以用于手术模拟、颅骨修复、牙科等医学专业领域。具备 PC 材料的所有性能,可以用于食品及药品包装行业。做出的样件可以作为概念模型、功能原型、制造工具及最终零部件等。

材料应用:医学研究、食品包装、医疗器械。

材料颜色:白色。

材料热变形温度:133℃。

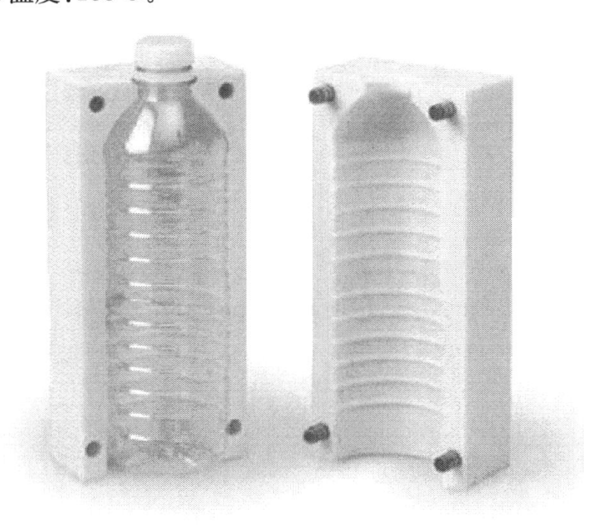

图 2-23　PC-ISO 材料

2.2.2　光敏树脂

光敏树脂即 UV 树脂,由聚合物单体与预聚体组成,其中加有光(紫外光)引发剂(或称为光敏剂)。在一定波长的紫外光(250～300nm)照射下会立即引起聚合反应并完成固化。一般为液态,广泛用于制作有高强度、耐高温、防水等要求的制品。

1. somos next(图 2-24)

材料说明:somos next 材料为白色,类似 PC 新材料,韧性好,精度和表面质量佳,可以制作电动工具手柄等部件,并可替代 SLS 制作的尼龙材料。somos next 材料制作的部件拥有刚性和韧性结合的特点,同时保持了光固化立体造型材料的所有优点,如做工精致、尺寸精确、外观漂亮等。

材料应用:汽车、家电、电子消费品。

材料颜色:白色。

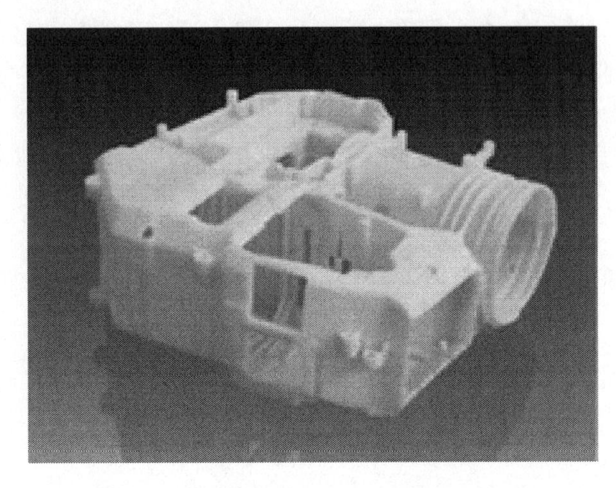

图 2-24　somos next

2. somos 11122 材料(图 2-25)

材料说明:somos 11122 材料看上去更像是透明的塑料,具有优秀的防水性能和尺寸稳定性。somos 11122 材料具有多种类似工程塑料的特性,适合用在汽车、医药、电子消费品等领域,并可以应用于透镜、包装、流体分析、RTV 翻模、概念模型、风洞试验、快速铸造等。

材料应用:汽车、家电、电子消费品。

材料颜色:无色。

3. 环氧树脂(图 2-26)

材料说明:这种便于铸造的激光快速成型树脂具有含灰量极低(1500℉时的残留含灰量<0.01%)、可用于熔融石英和氧化铝高温型壳体系、不含重金属锑、可用于制造极其精密的快速铸造型模等优点。

材料应用:汽车、家电、电子消费品。

材料颜色:无色。

综上所述,国内常见的 3D 打印材料品种较多。但是,这些材料的种类与现实生活中的材料种类相比,还相差甚远。不仅如此,这些材料的价格也不便宜。因此,打印耗材成了 3D 打印发展的瓶颈。

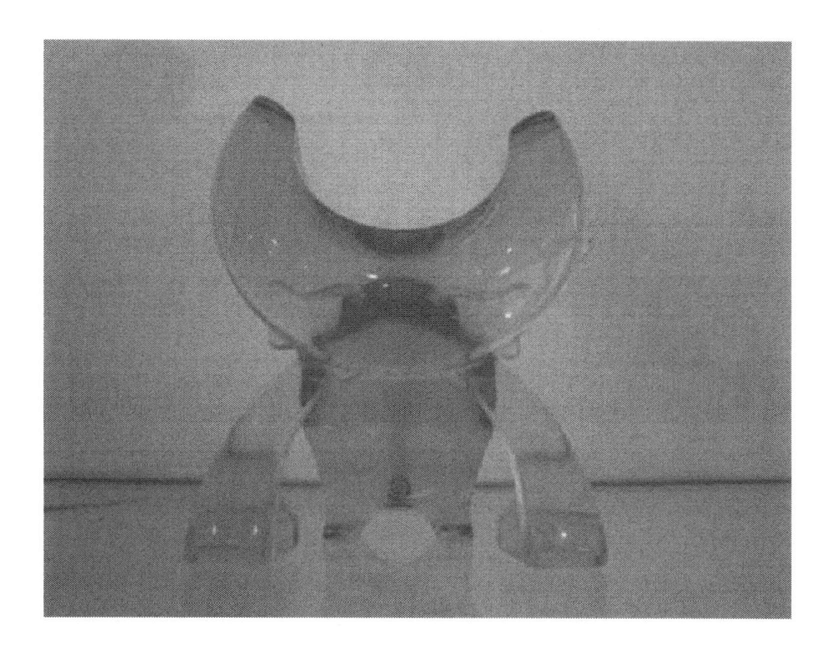

图 2-25　somos 11122 材料

图 2-26　环氧树脂

2.3 知识产权对3D打印产业的制约

2.3.1 知识产权的定义与分类

知识产权是指公民或法人等主体依据法律的规定，对其从事智力创作或创新活动产生的知识产品享有的专有权利，又称为智力成果权、无形财产权，主要包括发明专利、商标，以及工业品外观设计等方面组成的工业产权和自然科学、社会科学，以及文学、音乐、戏剧、绘画、雕塑、摄影和电影摄影等方面的作品组成的版权(著作权)两部分[2]。

知识产权有广义和狭义两种划分标准，国际法和国内法是知识产权划分的根据。广义的知识产权可以包括一切人类智力创造成果，即WIPO划定的范围，但给予保护的内容却由国内法确立，如发现权。对广义知识产权的划分，也有按1992年国际保护工业产权东京大会的标准，将知识产权分为创造性成果权利和识别性标记权利两大类。前者包括发明专利权、集成电路权、植物新品种权、Know-How技术权、工业品外观设计权、版权、软件权等。后者包括商标权、商号权，其他与制止不正当竞争有关的识别性标志权。当然，识别性标志也渗透着智力创造，只不过功能、表现形式侧重点不同而已。狭义的知识产权是指工业产权和版权。

1. 根据国内法分类

根据我国《民法通则》第五章第三节第九十四～九十七条界定，知识产权包括著作权(或版权)(第九十四条)、专利权(第九十五条)、商标专用权(第九十六条)、发现权、发明权和其他科技成果权(第九十七条)。由于发现本身不能在工农业生产中直接应用，即不具有财产性质，许多国家不把发现权作为版权与有关知识产权保护。

2. 我国传统意义上的知识产权类别

工业产权和著作权。工业产权包括专利权、商标专用权、禁止不正当竞争权。工业产权作为一种动产，有企业形态的产权含义。但其又是一种知识产权，具有知识形态的含义。工业应作广义的理解，它本身就包括农业、工业、采掘业、商业等所有的产业部门。著作权、专利权、商标专用权，称为知识产权三大支柱。地理标志、传统知识、生物多样性等相关知识产权有待国内法加以保护。

3. 根据国际法分类

广义的知识产权分类，主要是根据《建立世界知识产权组织公约》和《与贸易有关的知识产权协议》对知识产权进行分类。根据《建立世界知识产权组织公约》第2条第8款规定，知识产权可以分为如下8类。

① 关于文学、艺术和科学作品的权利。
② 关于表演艺术家的演出、录音和广播的权利。
③ 关于人们在一切领域中发明的权利。
④ 关于科学发现的权利。
⑤ 关于工业品外观设计的权利。
⑥ 关于商标、服务标志、厂商名称和标记权利。
⑦ 关于制止不正当竞争的权利。
⑧ 在工业、科学、文学和艺术领域里一切其他来自智力活动的权利。

2.3.2 知识产权对 3D 打印的影响

随着 3D 打印技术如火如荼地大跨步迈进，其面临的知识产权风险也随之而来。3D 打印技术具有可以轻松复制、共享、修改的功能，由这些功能所打印出的产品可能引发与著作权法、专利法、商标法和反不正当竞争法等法律法规的兼容性与风险性问题。如果不对 3D 打印过程中的相关知识产权风险进行防范，将不可避免地出现新型“盗版”的流行，并会对原有知识产权的制度和形态产生一定冲击。但是，主导国际知识产权“游戏规则”制定的发达国家，往往对知识产权过度保护，又可能引发新的“道德危机”。随着旧制度的灭亡，新的知识产权正呼之欲出[3]。

知识产权是个大的法律概念，主要包括著作权、商标权、专利权等内容，而 3D 打印技术与著作权的关系最为密切。

3D 打印本身实际上是一种复制，而著作权所要禁止的恰恰就是非法复制。然而，著作权法所保护的是具有“独创性”的作品，3D 打印与著作权法相背的内容主要涉及产品外形与结构的版权保护问题。

我国现行著作权法对产品外形与结构的版权保护并不充分，那些少数具有艺术价值的产品外形与结构可以作为艺术作品获得保护，而大多数普通的产品外形与结构很难获得著作权法的保护。我国著作权法的第三次修改借鉴了《伯尔尼公约》中的相关规定，增加了“实用艺术作品”的著作权保护规定，正式将“产品外形与结构”纳入版权保护对象范围。

3D 打印可以视为对“实用艺术作品”的复制，如果这种复制未经作者授权，便会被视为侵权。然而，在判断 3D 打印是否侵权问题时，还需要关注 3D 打印的方式。目前 3D 打印主要通过以下三种方式进行：第一，从立体到立体，即通过电脑中的 3D 立体模型，打印出立体物品；第二，从文字到立体，即通过在电脑中输入一段文字描述，如长方形，高 18 厘米，宽 20 厘米，颜色为红色等，进而打印出对应的物品；第三，从平面到立体，即电脑中是一个平面图形，通过 3D 打印程序，打印出立体物品。

首先,从立体到立体的打印方式属于典型的复制行为。从平面到平面或是从立体到立体,都属于典型的违反著作权法意义上的复制,即使是缩印、扩印等改变比例的方式。因此,这种未经作者许可而进行3D打印的复制可能构成侵权。

然后,从文字到立体的方式,一般不会被认定为违反著作权法上的复制。著作权法保护的是"表达",而文字与立体属于两种不同形式的表达方式,所以不涉及彼此复制的问题。正因为如此,此种3D打印方式一般不涉及侵权问题。

最后,从平面到立体的3D打印是否属于非法复制?我国著作权法对此问题未作明确说明,在实践中争议颇大。2006年的"复旦开圆案"中,被告在未经合法授权的情形下,将平面的卡通生肖形象转换成立体的储蓄罐,被法院认定为侵犯了原告的复制权。然而,在"摩托罗拉著作权案"中,法院却认定,摩托罗拉公司按照设计图生产印刷线路板的行为是生产工业产品的行为,不属于著作权法意义上的复制行为。显然,同为"平面到立体"的方式,法院在是否构成复制问题上的判断却完全不同。参考《伯尔尼公约》对复制的规定,它包括任何方式、任何形式的复制,这种开放性的措辞显然对著作权保护提出了较高的要求。更为重要的是,在3D打印时代,此种复制方式必将泛滥,有必要在立法中明确此种复制方式,以便保护著作权人的合法权益。

3D打印还可能会涉及商标权侵权。用户在使用商品的同时,可能会将商标一并打印下来,如用户在打印3D"NIKE"鞋子时,打印出来的鞋子一般会带有"NIKE"商标,如果这种打印未取得"NIKE"的授权就极可能构成侵权。

除此之外的其他打印方式,如单纯打印商品本身,比如只打印"NIKE"鞋子本身,却未在鞋子上打印"NIKE"商标,一般不涉及商标权侵权,却可能造成其他知识产权的侵权。

3D打印技术同样为商标标识的生产和制造大开方便之门,尽管这是一种相对独立的打印行为。打印者仅仅打印商标"NIKE"而未打印鞋子,这种打印同样可能会侵权。根据我国商标法的规定,未经授权,擅自制造和销售商标标识的行为,同样属于商标权侵权。

3D打印时,用户还可以根据自己的创意进行打印,因此会产生如下的打印方式:只打印"NIKE"鞋子(没有商标),却同时打印上"PUMA"的商标,即鞋子是"NIKE"的,商标是"PUMA"的,这会侵权吗?又会侵犯谁的商标权呢?首先,如果没有得到"PUMA"商标的授权,擅自使用该商标,可能会构成对"PUMA"的侵权。那么"NIKE"呢?这种打印方法会侵犯它的商标权吗?我国商标法有"反向侵权"的规定,擅自更换"NIKE"的商标,又将其商品投向市场,仍属于商标权侵权。因此,如果打印者采用上述方式打印商品,又将其投放市场,其行为同样侵犯了"NIKE"的商标权。

对于3D打印与专利保护的关系，根据我国专利法的规定，专利类型可分为发明、实用新型和外观设计。发明与实用新型专利关注对产品的内在结构及创新，而外观设计专利则更多关注产品外观及色彩。与原有的平面打印不同，3D打印既涉及产品的外形，同样也涉及产品的内在结构，因此3D打印与三项专利权的关系都十分紧密。打印者在打印之前需要了解相关产品的专利保护情况，以防侵犯他人专利。

3D打印还会促进过期专利的商业化利用。专利是有保护年限的，如发明专利保护期为20年，实用新型和外观设计保护期为10年，超过了保护年限，专利将进入公有领域，人人皆可免费使用。其实，很多已经过期的，无论是外形，还是结构都创意十足，但碍于技术限制，难以实现，故而被"闲置"。3D打印技术可能会重新唤起"过期专利"的生机与活力。美国的格里斯律师就在过期专利中发掘"大量有趣和有用的设计"，他还在网上开设了专门的板块，供用户下载这些已经过期的专利，并设计成3D图供人们自行打印。

当过期专利被大量利用的时候，专利权领域又将迎来新的呼声：延长专利保护期，这无疑又将是一个棘手的话题。

"合理使用"会不会让商家破产呢？在讨论3D打印与知识产权侵权问题时，还必须关注到"合理使用"的问题。在知识产权制度中，对于那种仅仅为了个人使用而少量复制的行为，会被认定为合理使用，从而被排除出侵权范围。

如果用户只是通过3D打印制作个人消费品，而并未进行商业性使用，其行为又是否构成侵权呢？根据现有知识产权法律规定，这种行为大都会被认定为合理使用，而不属于侵权。

如果是这样的话，我们可以设想：未来社会，很少有人会花费高价去购买知名品牌商品，人们更愿意花费低廉的成本购买原材料，在家里打印所需产品。众多消费者如此"合理使用"的结果，显然会导致商家破产。因此，3D打印技术对现有的合理使用制度也提出了挑战。

在传统技术条件下，用户个人制作商品的成本较高，因此那种基于"研究、欣赏或个人使用"为目的生产产品的规模极为有限，它在根本上并不会妨碍经营者的利益，所以其行为被认定为合理使用并无问题。然而，在3D打印普及的时候，生产成本被极大降低，"合理使用"将从根本上妨碍或者动摇经营者利益。届时，还涉及"合理使用"条款的修改，一番公众与专利权人的较量将不可避免。

即便是现在，采用技术手段防止"合理使用"对经营者利益造成损害，已被提上议事日程。美国专利与商标局推出了一个针对3D打印版权保护的"生产控制系统"。在该系统的管理下，任何与3D打印有关的设备在执行打印任务之前，都要将待打印的模型与系统数据库中的数据进行比对。如果出现大比例的匹配，对应的3D打印任务就不能进行。无论是美国的《数字千禧版权法》，还是我国的《著作权法》，都支持通过技术保护措施来保护著作权，而那种破坏技术保护措施的行为被视为违法行为。

最后需要指出，3D打印名为打印，实为生产。无论立法上如何界定3D打印，有一点可以肯定，即让人们的生活更加便捷。这不仅是技术，同样是法律的任务。今天，人们深感电子商务的便利，可以足不出户便购买东西；明天，人们又会深感电子商务的不足，开始缺乏等待物流送货的耐心。人们对物品的需求将转向立刻、现在、马上，而3D打印将完全迎合人们的需求，人类社会终将迎来“足不出户，随意打印”的时代。

尽管打印机是自己的，原材料也是自己的，但打印仍需付费，用户真正购买的是他人的创意与设计。在这样一个时代，创意与设计将成为人类社会最重要的商品。

3D打印是一场声势浩大的技术变革，有可能会颠覆现有的生产方式。对于以保护技术创新、促进生产力进步为目的的专利制度来说，3D打印的推广将带来许许多多的挑战。或许不光是专利侵权判定，整个专利制度都会受到深远影响。

2.4　3D打印对人类伦理的挑战

随着科学技术的不断进步，相信在不久的将来，科学家可以打印出真正可供移植的人造器官，从而为众多患者带来福音。然而这同样隐含着另一种潜在的风险，如果人体组织可以打印，人体器官可以打印，那么一个真正的“人”是否可以打印出来？虽然听起来天方夜谭，不可思议，然而从原理上讲，这是可以实现的。或许在不久的将来真的可以利用3D打印技术打印出一个完整的人。如果这项技术变成现实，那无疑会带来一系列的伦理问题，甚至威胁到人类社会存在的伦理基础[4]。

2.5　小　　结

本章从三次工业革命谈起，阐述了3D打印的发展与瓶颈。3D打印的瓶颈主要体现在3D打印材料和知识产权对3D打印发展的束缚等。无论瓶颈如何，都阻挡不了3D打印的迅猛发展。

参 考 文 献

[1] 里夫金. 第三次工业革命. 北京:中信出版社,2012.
[2] 蒋建科,李秋荣,杭慧喆. 3D 打印第三次工业革命的重大标志. 新湘评论,2013,(6):57.
[3] 姚强,王丽平."万能制造机"背后的思考——知识产权法视野下 3D 打印技术的风险分析与对策. 科技与法律,2013,(2):17.
[4] 刘步青. 3D 打印技术的内在风险与政策法律规范. 科学经济社会,2013,2:132.

第3章 3D打印机在国内外的发展概述

3.1 国外3D打印机

美国和德国等发达国家高度重视并积极推广3D打印技术。2012年8月，美国建立了国家级3D打印工业研究中心，并计划投入5亿美元用于3D打印技术的研发[1]。德国联邦教研部(BMBF)早在20年前就针对3D打印技术提出长期发展计划，2011年5月推出的“德国光子学研究”计划也涉及对3D打印技术研究的资助与支持，柏林工业大学3D实验室在3D技术的研究应用方面也取得了一系列的显著成绩。

3.1.1 国外3D打印机产业化发展现状

美国和欧洲在3D打印技术的研发与应用方面处于领先地位。美国是全球3D打印技术的领导者，欧洲也十分重视对3D打印技术的研发应用。除了欧美，其他国家也在不断加强3D打印技术的研发和应用。澳大利亚近期制定了金属3D打印技术路线；南非正在扶持基于激光的大型3D打印机器的开发；日本着力推动3D打印技术的推广应用。

1986年，美国3D Systems公司推出第一款工业化的3D打印设备，1990年开始销售，短短几年就形成了巨大的市场。目前，全球有两家3D打印机制造巨头，分别是3D Systems和Stratasys。这两家公司都在美国上市，2011年营业收入分别为2.9亿美元和1.7亿美元，而当年全球3D打印市场规模为17.1亿美元，但是这一数字仅占全球制造业市场的0.02%。

2011年6月，美国总统奥巴马宣布向3D打印产业提供5亿美元研发基金以提升美国在制造业的领先地位。2012年3月9日，奥巴马宣布《重振美国制造业计划》，在美国成立制造创新的网络。该网络主要由15个制造创新的研究院组成，每一个研究院致力于具有广阔应用价值的前沿新技术的研发、示范、人才培训等工作，并将这些新技术推向制造业实现应用，以提供就业机会，提升美国在制造业的全球竞争力和领导地位。4月，奥巴马责成美国国防部等五个联邦部门选择3D打印。先期成立了一个研究所，后于8月16日成立国家增材制造创新研究院。这是创新网络的第一个研究院，该研究院得到政府投资3000万美元，企业投资4500万美元，主要由联邦政府负责管理和组建，是一个产学研结合机构。

3.1.2　国外3D打印技术产业应用现状

与传统制造技术相比，3D打印技术具有制造成本低、生产周期短等优势，是“第三次工业革命最具标志性的生产工具”[2]，英国《经济学人》杂志认为3D打印技术“与其他数字化生产模式一起，将推动实现第三次工业革命”。美国《时代》周刊将其列为“美国十大增长最快的工业”。

目前，3D打印技术已广泛应用于工业设计、艺术创作、珠宝、建筑、服装、生物工程等诸多领域。在制造业中，点击鼠标取代了锤子、钉子和工人，创意和智慧取代了劳动力成本，因此成为许多制造商关注的重点。有专家认为3D打印技术正在重塑全球制造业竞争格局。

在欧美等发达国家，3D打印技术已经初步形成成功的商用模式。例如，在消费电子业、航空业和汽车制造业等领域，3D打印技术可以以较低的成本、较高的效率生产小批量的定制部件，完成复杂而精细的造型。另一个3D打印技术获得应用的领域是个性化消费品产业，如纽约创意消费品公司Quirky通过在线征集用户的设计方案，以3D打印技术制成实物产品，并通过网络市场销售，每年能够推出60种创新产品，年收入达到100万美元。

2009年以来，3D打印市场在北美和欧洲急剧增长。Stratasys公司2011年财务报告指出，其八成左右的收入来源于欧美市场。国际快速制造行业权威报告*Wohlers Report* 2011发布的调查结果显示，全球3D打印产业产值在1988～2010年间保持着26.2%的年均增长速度。报告预期，2020年将达到52亿美元，会成为下一个具有宽广前景的朝阳产业。

随着3D打印技术和设备的成熟，新材料、新工艺的出现，以及配套软件的完善，该技术从快速原型阶段进入快速制造和普及化的新阶段。3D打印专业化设备性能不断提高，如美国3D Systems公司生产的设备能够在0.01mm的单层厚度上实现600dpi的精细分辨率。当前世界上较先进的设备可以实现每小时25mm厚度的垂直速率，并且可以实现24位色彩的彩色打印[3]。

3.1.3　3D打印技术未来产业化发展趋势

随着科技的迅猛发展，各行各业在学科和技术中的交叉融合日益凸显，而3D打印技术能够跨越众多的行业领域和技术应用，充分发挥其潜力，令人瞩目。航空航天、汽车制造、医疗和消费品制造等行业的发展推动3D打印技术的进步，而这些行业大量的研究和投入又会推动3D打印技术达到新的高度。军用、牙科、珠宝、游戏模型、建筑、家具、玩具等其他行业，也将在3D打印技术产业化应用中扮演重要角色。

1. 航空航天

航空航天界希望获得重量轻、强度高,甚至可以导电的零部件。据美国一家军用飞机制造公司介绍,该公司生产的军用飞机将有1400种零部件采用3D打印技术来生产。有关专家认为3D打印生产的各种金属部件将大量用于飞机,如图3-1所示。不仅是飞行器,包括喷气动力船、陆基发电机都蕴含着3D打印技术的发展机遇。

图3-1 3D打印飞机零部件的飞机

2. 军事

美国许多军用产品均为高价值的复杂产品,且生产数量相对较少,其中一些是特别定制的,且需要持续更换零件,如无人驾驶飞行器、士兵轻型装备和盔甲、地面机器人、手枪等,以及传统零部件,这些都将有机会转换为由3D打印制造,如图3-2和图3-3所示。

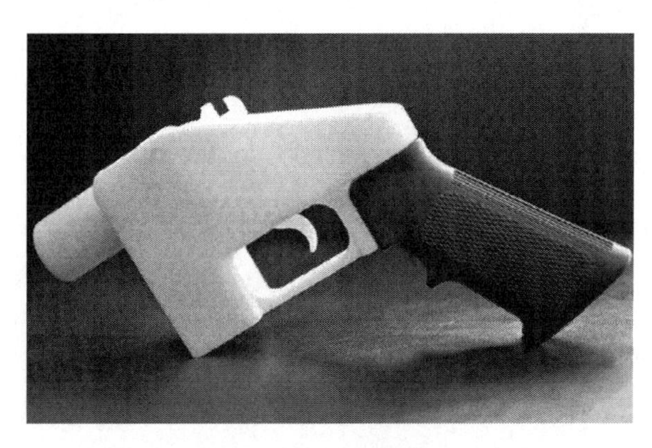

图3-2 3D打印的手枪

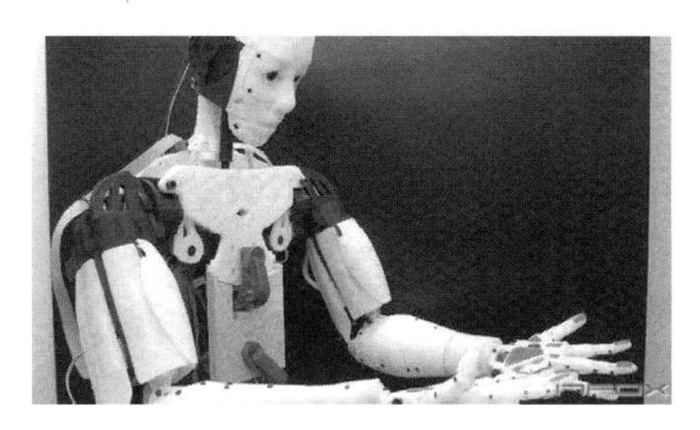

图 3-3　3D 打印的盔甲

3. 电子产品

美国桑迪亚国家实验室和得克萨斯大学埃尔帕索分校制造的 3D 打印电路，已经证明可以实现传统印刷电路板的类似功能，如图 3-4 所示。这种环绕在电子产品外围的 3D 电路结构，有助于实现设计产品的最佳造型。

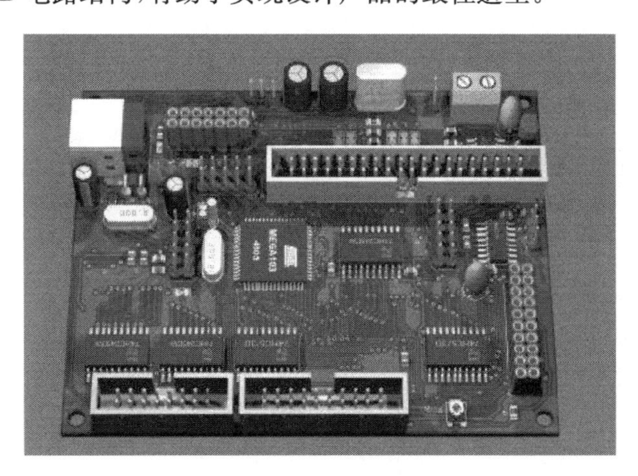

图 3-4　3D 打印的电路

4. 生物医疗

目前，意大利有两家公司已经采用 3D 制造技术生产了人体组织，其中部分已成功植入人体，如图 3-5 所示。使用 3D 打印技术生产的牙科产品在市场上迅速增长，很多牙科实验室使用来自德国的 3D 打印公司生产的产品——EOS 来制作牙冠和牙桥顶盖。

图 3-5 3D打印的鼻子

5. 汽车和摩托车

3D打印制造技术在车辆零部件的生产领域有广阔的应用空间。例如,高端的专业级汽车由于生产数量相对较少,因此其产品的零部件可以采用3D打印制造生产。同样,包括汽车和摩托车竞赛项目在内的赛车行业将极大地受益于3D打印的个性化设计,如图3-6所示。

图 3-6 3D打印的汽车

6. 游戏模型

在风靡世界的各种电脑游戏中，成千上万的游戏角色模型产品均可采用 3D 打印技术进行生产，如图 3-7 所示。在未来，游戏模型的需求可以推动 3D 打印技术快速发展。

图 3-7　3D 打印的游戏角色

7. 玩具

预计不久的将来会出现专为儿童打印玩具设计的消费类 3D 打印机，如图 3-8 所示。届时会有很多网站提供无限量的玩具零部件三维模型，孩子们可以根据自己的意愿和想象进行设计和修改，并制作 3D 玩具实物。

图 3-8　3D 打印的玩具

8. 教育

预计在未来 10～12 年，学校将普遍开设一些有关 3D 打印的课程，包括讲解如何利用 3D 打印技术设计生产零部件，研究机构也会研究开发新的产品设计方法等，如图 3-9 所示。

图 3-9　学校开设的 3D 打印课程

3.1.4　国外 3D 打印技术产业化的先进经验和启示

近 20 年来，3D 打印技术已发展成为在功能上切实可行、在技术上更加先进的一种替代方法。特别是，对一些使用传统方法难以加工的材料或功能复杂的产品制造，怎样让这些独特的优点产业化并不是一件轻易的事情。现总结国外 3D 打印技术产业化中的先进经验，希望对我国 3D 打印制造产业化发展有所启发。

① 从国家层面加强重视，做好 3D 打印制造技术产业化发展的顶层设计和统筹规划。

1998 年，美国国家制造科学中心（NCMS）设计完成了侧重于 3D 打印技术产业化应用的路线图，2009 年再次探讨制定未来 10～12 年内 3D 打印技术在相关领域的路线图。着力促进企业、学术界，以及政府机构中权威专家资源的网络化，实现协同增效，为 3D 打印技术的产业化制定全面、系统的近期与中期研究规划。我国政府部门也应建立相关的协同推进机制，制定 3D 打印制造技术路线图和中长期发展战略，明确这一产业的阶段目标、技术路线、重点任务和政策措施，为我国 3D 打印技术在制造产业化发展中做好顶层设计和统筹规划，推动产业的可持续健康发展。

② 建立用于研究和教育的公共平台基地，为 3D 打印的研发和应用做好保障工作。

由于目前的 3D 打印机器设备价格昂贵，有关专家建议成立一个国家实验平台中心，保证 3D 打印设备的充分利用。2012 年 8 月，美国政府宣布在俄亥俄州建立一所由政府部门、企业、学校和研究机构等多单位共同出资建造的制造业创新研究所，用以研发 3D 打印技术。通过建立创新研究所有助于联合高校、企业和政府部门的力量共同投资尖端科技和培养制造业技能，推进产业化发展。我国也应加大对 3D 打印制造技术的研发和产业化支持力度，建立相关的应用示范基地。

③ 为促进 3D 打印技术的推广应用，应建立相关的技术标准。

随着 3D 打印产业化的应用日臻成熟，可重复的系统将会越来越多，健全的标准对未来 3D 打印技术的发展具有重要意义。具体而言，就是符合国际公认标准的产品、工艺与材料认证将会极大地促进 3D 打印技术的推广应用。美国试验材料学会 F42 标委会已确立建立 3D 打印制造技术标准，该计划得到了全行业的大力支持。

④ 通过加大对 3D 打印耗材的研究来推动产业化发展。

设备、软件、材料是 3D 打印产业化不可或缺的关键环节，现在业界主要研究的是设备和软件，而材料和维护成本却被视作推广 3D 打印技术的一大障碍。加强对智能材料、功能梯度材料、纳米材料、非均质材料及复合材料等方面的研究与应用已成国外很多研发单位重点关注的内容。例如，美国国防部高级研究计划局针对材料的定向组装制定纳米制造规则，同时建立第三方的检验和改进材料协会验证材料的可行性来提高公众认可度。

⑤ 加强 3D 打印技术的宣传，向普通群众普及 3D 打印技术应用方面的知识，为其产业化发展营造良好的社会环境。

3D 打印技术的应用对于推动环境友好型、经济利好型社会的建设和可持续发展具有重要意义。通过对群众普及 3D 打印知识，有助于形成一股社会“拉力”，有利于3D打印技术的应用与发展。目前美国已通过博物馆展览、影视广告植入、新产品创意广告等方式来宣传3D打印技术。

⑥ 教育将成为推动3D打印技术在高校,以及行业领域中应用的一个关键因素。

如果对3D打印技术没有深入的了解,人们对这一技术的接受将会是一个缓慢的过程。良好的教育和宣传将会打破偏见和陈规,大幅度地推广3D打印技术的使用。在本科与研究生阶段开设相关课程,并编写教材、制定课程规划,向相关从业人员开发与提供培训课程,并可颁发专业学术团体或机构(如美国制造工程师学会、美国机械工程师学会等)授予的毕业证书,以及向管理层或其他非技术人员推广相关知识。

3.2 国内3D打印技术产业化现状

2012年12月,工信部领导公开表示将推动3D打印产业化,制定路线图和中长期发展战略,并加大财税政策引导力度。据《上海证券报》报道,3D打印相关战略规划正在研究制定中,有望于具体时间后公布[4]。我国最早研发3D打印技术的华中科技大学快速制造中心史玉升预计,未来10年在电脑上完成产品的设计蓝图后,轻轻一按"打印"键,3D打印机就能一点一点打出设计的模型。现在一些铸造企业开始研发选择性激光烧结3D打印技术及其应用,力图将复杂铸件的交货期由3个月缩短到10天。发动机制造商通过3D打印技术,将大型六缸柴油发动机缸盖砂芯的研制周期由过去5个月缩短至1周。史玉升表示:"3D打印技术的最大优势在于能拓展设计人员的想象空间。只要能在计算机上设计成三维图形的东西,无论是造型各异的服装、精美的工艺品,还是个性化的车子,只要解决了材料问题,都可以实现3D打印。"

我国自20世纪90年代初以来,清华大学、华中科技大学、西安交通大学和华南理工大学等高校在3D打印技术上开展了积极的研究,已有部分技术达到了世界先进水平[5]。

3.2.1 3D打印技术研发

我国已有部分3D打印技术处于世界先进水平。其中,激光直接加工金属技术发展较快,已基本满足特种零部件的机械性能要求,有望率先应用于航空航天装备制造等领域;生物细胞3D打印技术也取得显著进展,并已开始制造立体的模拟生物组织,为我国生物、医学领域尖端科学研究提供关键的技术支撑。

3.2.2 3D打印技术产业应用

依托高校的科研成果，对3D打印设备进行产业化运作的公司主要有陕西恒通智能机器有限责任公司（依托西安交通大学）、湖北滨湖机电有限责任公司（依托华中科技大学）等。这些公司都已实现了一定程度的产业化，部分公司生产的便携式桌面3D打印机的价格已经具备国际竞争力，成功进入欧美市场。一些中小企业成为国外3D打印设备的代理商，经销全套打印设备、成型软件和特种材料[6]。还有一些中小企业购买了国内外各类3D打印设备，专门为相关企业的研发、生产提供服务。其中，广东省工业设计中心、深圳市普立得科技有限公司等企业，设立了3D打印服务中心，发挥科技人才密集的优势，向国内外客户提供3D打印服务，取得了良好的经济效益。

3.2.3 目前我国3D打印领域存在的问题

1. 3D打印产业缺乏宏观规划和引导

目前3D打印在国内的市场并不大，主要集中在高校和科研机构，距离形成较为完整的产业链还有很长的路要走[7]。中国从事3D打印设备生产的企业还很少，且仍处于初步发展阶段，整个产业整合度较低，开发平台和主导的技术标准尚未建立，技术研发和推广应用还处于无序状态[8]。

3D打印产业上游包括材料技术、控制技术、光机电技术、软件技术，中游是立足于信息技术的数字化平台，下游涉及国防科工、航空航天、汽车零部件、家电电子、医疗卫生、文化创意等行业，其发展将会对先进制造、工业设计、生产性服务、文化创意、电子商务及制造业信息化工程等领域产生深刻影响。但在我国工业转型升级、发展智能制造业的相关规划中，对3D打印这一交叉学科的技术总体规划不足，重视程度不够。

2. 3D打印企业对技术研发投入不足

我国虽已有几家企业能自主制造3D打印设备，但企业规模普遍较小，研发力量不足。在加工流程稳定性、工件支撑材料生成和处理、部分特种材料的制备技术等诸多环节，仍存在较大缺陷，且难以完全满足产品制造的需求。而占据3D打印产业主导地位的3D Systems、Stratasys等公司，每年投入1000多万美元用以研发新技术，研发投入占销售收入的10%左右。两家公司不但研发设备、材料和软件，而且以签约开发、直接购买等方式，获得大量来自企业外部的相关细分技术和专利，现已掌握一批关键核心技术。

3. 3D打印产业链缺乏统筹发展

3D打印行业的发展需要完善供应商和服务商体系，建立市场平台。供应商和服务商体系中，包含工业设计机构、3D数字化技术提供商、3D打印机耗材提供商、3D打印设备经销商、3D打印服务商等各个环节。市场平台的建立包含第三方检验、金融、电子商务、知识产权保护等方面的支持。目前国内的3D打印企业还处于初步发展阶段，产业整合度较低，主导的技术标准、开发平台尚未确立，技术研发和推广应用还处于无序状态。

4. 3D打印缺乏教育培训和社会推广

目前，企业购置3D打印设备的数量非常有限，应用范围狭窄。在机械、材料、信息技术等工程学科的教学课程体系中，缺乏与3D打印相关的必修环节，3D打印还停留在学生的课外兴趣层面。

我国发展3D打印产业的重要战略意义是，在提升我国工业领域产品开发水平的同时有助于攻克技术难关，并且形成新的经济增长点，促进就业。当前，全球正在兴起新一轮数字化制造浪潮，发达国家面对近年来制造业竞争力的下降，大力倡导“再工业化、再制造化”战略，提出智能机器人、人工智能，3D打印是实现数字化制造的关键技术，并希望通过这三大数字化制造技术的突破，巩固和提升制造业的主导权，加快3D打印产业发展。在我国由“工业大国”向“工业强国”的转变中，3D打印产业化发展可以提升我国工业领域产品的开发水平，提高工业设计能力。传统的工业产品开发方法往往是先开模具，然后再做出样品。运用3D打印技术，无需开模具，可以把制造时间降低到传统工业品开发的1/10～1/5，费用降低到1/3，甚至更低。

一些好的设计理念，无论其结构和工艺多么复杂，均可利用3D打印技术，短时间内制造出来，从而极大地促进产品的创新设计效率，有效克服我国工业设计能力薄弱的问题。

发展3D打印产业，可以生产出复杂、特殊、个性化的产品，有助于攻克技术难关。3D打印可以为基础科学技术的研究提供重要的技术支持。例如，在航天、航空、大型武器等装备制造业，零部件种类多、性能要求高，需要进行反复测试。运用3D打印技术，除了在研制速度上具有优势，还可以直接加工出特殊、复杂的形状，简化装备的结构设计，化解技术难题，实现关键性能的提升。

发展3D打印产业，可以形成新的经济增长点，促进就业。随着3D打印的普及，大批量的个性化定制将成为重要的生产模式。3D打印与现代服务业的紧密结合，将衍生出新的细分产业、新的商业模式，创造出新的经济增长点。例如，自主创业者可以通过购置或者租赁低成本的3D打印设备，利用电子商务等平台提供服务，为大量消费者定制生活用品、文体器具、工艺装饰品等各类中小产品，激发个性化需求，形成一个数百亿，甚至数千亿元规模的文化创意制造产业，并增加社会就业。支持我国3D打印产业发展的相关政策，建议采取财税金融政策上积极支持、引导建立行业协会，鼓励研发、加强教育培训等措施，进一步促进3D打印社会化推广。制定数字化制造规划，促进3D产业优先发展，将3D打印技术定位为生产性服务业、文化创意、工业设计、先进制造、电子商务及制造业信息化工程的关键技术和共性技术，将该产业纳入优先发展产业。在财税金融政策上，鼓励企业投资、研发、生产和应用3D打印，支持3D打印设备的进出口[9]。

加强产业联盟、行业协会建设，推动3D产业协同发展，积极引导工业设计企业、3D数字化技术提供商、3D打印机及材料研发企业和机构、3D打印服务应用提供商共同组建产业联盟，利用有关学会、协会的平台加强研讨和交流，共同推动3D打印技术研发和行业标准的制定。促进3D打印技术发展的市场平台建设，包括3D打印电子商务平台、3D打印数据安全和产权保护机制、3D打印及周边项目投融资机制等，促进产业可持续发展。加大科技扶持力度，提升3D打印技术水平，设立专项基金，重点推进数字化技术、软件控制、打印装置、材料技术等关键技术的研发。在研发扶持中，要注意建立公平、公正的研发绩效评估体系，鼓励各研发主体探索不同的技术路径。加强对3D打印产学研合作的支持，特别是对实施产业化的企业在市场销售、社会推广上给予政策支持。加强教育培训，促进3D打印社会化推广，将3D打印技术纳入相关学科建设体系，培养3D打印技术人才。依靠行业协会、博览会、论坛等组织形式进行3D打印技术和应用的培训。在科技馆、文化艺术中心、青少年活动中心等公共机构进行3D打印技术的展示、宣传和推广。发展3D打印服务中心，推广3D打印技术应用，为发展3D打印产业发展积累相关经验。

3.3 小　　结

本章介绍了3D打印产业在国内外的发展情况。其中，美国在3D打印技术的发展引领世界潮流，并控制绝大部分核心技术。但是，随着我国经济的不断增强，更多的科研院所、企业纷纷加入3D打印的研发大军。未来，我国的3D打印机将获得越来越多的市场份额。同时，3D打印设备国内产业化发展是可行的，但目前3D打印技术还处于概念炒作阶段，我们应该理性看待这股3D打印热潮，看到其发展潜力的同时，也充分认识其技术及资金密集性特点，做好风险评估。

参 考 文 献

[1] 机械工程协会. 3D打印：打印未来. 北京：中国科学技术出版社，2013.
[2] 胡迪，爱普森. 3D打印：从想象到现实. 北京：中信出版社，2013.
[3] 王雪莹. 3D打印技术与产业的发展及前景分析. 中国高新技术企业，2012，(26)：3-5.
[4] 王月圆，杨萍. 3D打印技术及其发展趋势. 印刷杂志，2013，4：12.
[5] 王忠宏，李扬帆，张曼茵. 中国 3D打印产业的现状及发展思路. 经济纵横，2013，2：90-93.
[6] 王忠宏，李扬帆，张曼茵. 浅谈 3D打印技术. 经济纵横，2013，1：90-91.
[7] 高原. 一位世界级 3D打印技术专家的长沙实践. 中国机电工业，2012，11：42-46.
[8] 牛建宏. 3D打印产业：瓶颈犹存未来可期. 人民政协报，2012-11-20(B02).
[9] 王雪莹. 3D打印技术与产业的发展及前景分析. 中国高新技术企业，2012，26：23-29.

第二篇

3D 打印机技术

第 4 章　3D 打印机工作原理

3D 打印机按照工作原理可以划分为熔融沉积快速成型(fused deposition modeling,FDM)、光固化成型(stereo lithigraphy apparatus,SLA)、选择性激光烧结(selecting laser sintering,SLS)、三维粉末粘接(three dimensional printing and gluing,3DP)等技术原理。

4.1　熔融沉积快速成型

4.1.1　技术原理

FDM 工艺是一种材料逐层堆积技术,主要是利用热熔性材料,如 ABS、PLA 热熔后堆积而成。材料主要以整捆的丝状结构存在,工作时放置于支撑架上,材料穿插于打印喷头上,然后通过打印喷头热熔,采用类似挤牙膏方式挤出材料,喷头在控制系统的指导下沿着设计零件的横截面轮廓运动并挤出材料进行填充,当填充完一层后,工作平台往下移一层材料厚度的距离,准备打印第二层,通过这种逐层累加的方式最终完成整个作品的打印。如图 4-1 所示为 FDM 工作原理图。

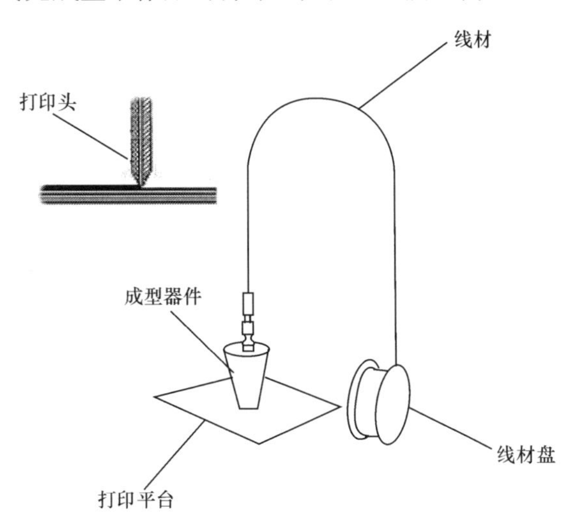

图 4-1　FDM 工作原理图

4.1.2 技术特点

FDM 技术日趋成熟，具有以下特点。

① 打印物体时，前后壁以实体形式打印，两个壁之间的空隙可选择实体打印，也可选择网格填充形式进行打印，这种方法的好处是减轻了物体的重量，并且降低成本。

② 设备以数控方式运行，技术成熟，过程平稳。

③ 打印喷头跟着伺服器沿着 X、Y 轴方向运动，承物平台沿着 Z 轴逐渐下降。

④ 通用支持 STL 的打印文件格式[1]。

4.1.3 FDM 工艺处理过程

(1) 模型建立

通过 CAD、PRO-E、UG、RHINO 等相关的工业设计软件，建立三维产品模型，并将模型导出成 STL 通用格式。

(2) 模型计算

将打印文件导入打印机，软件自动识别模型，通过计算将模型进行合理分层，便于打印。同时，打印机自动计算打印该模型所需要的支柱和支柱所在位置并生成支柱。随后可设置打印比例大小、打印的壁厚，以及填充材料的密度。设置完成后，软件自动计算打印所需消耗材料的数量和打印时长。

(3) 打印模型

打印喷头自动校位零点，一般打印喷头会与打印平台之间保持一个固定的间隙，便于丝料的吐出。工作时，喷头会自动去除部分残料，然后开始打印隔离层(用于打印物体与底板之间的隔离，易于成品的取出)。隔离层打印完成，则进入第一层的打印，每打印完成一层，打印平台自动下降相应的距离，便于下一层的打印，直至结束。

4.1.4 FDM 打印机介绍

Fortus 900mc 是最强大的 FDM 系统 3D 打印机。它拥有极高的灵敏度、准确性和成本效益。Fortus 900mc 3D 打印机，生产系统构建耐用、准确、可重复的零件，尺寸可达 914mm×610mm×914mm。有 9 种材料可供选择，非常适合制造建筑工装夹具、模具和最终用途零件，以及要求最高的 3D 原型。该机器配有两个材料仓，可实现最大程度的不间断生产。材料包括高性能热塑性塑料，这种材料具有生物相容性、静电耗散、耐热及抗化学腐蚀的特性。提供三种可供选择的层厚度，从而可以在打印速度和精细度之间取得平衡。图 4-2 为 Fortus 900mc 3D 打印机。

速美科技生产的 3D 打印机同时兼容 Ultimaker FDM 桌面级打印机、快速成

图 4-2　Fortus 900mc 打印机

型机。模型打印时其 4.3 寸彩色触摸屏实时显示打印路径，支持断电续打、网络打印、U 盘打印等，支持 100μm 的高精度 3D 打印，超大打印空间(200mm×200mm×220mm)。ARM 处理器配置超高，512M 内存，1G 主频，2G Flash，如图 4-3 所示。

图 4-3　速美科技 3D 打印机

深圳智创三维打印科技有限公司生产的 Z-Creat 3D 打印机机身采用金属制造，具有抗压、稳定、牢固的特点，智能可拆卸的打印喷头，具有更换便捷、打印品质高的特点，成型尺寸为 200mm×200mm×300mm，精度为 0.2mm，如图 4-4 所示。

图 4-4　Z-Creat 3D 打印机

太尔时代推出的 up plus 2 3D 打印机在软硬件两方面进行了技术上的改进，使得用户操作更加方便、材料使用更加经济、模型颜色更加丰富，薄壁模型的打印速度大幅提高，如图 4-5 所示。

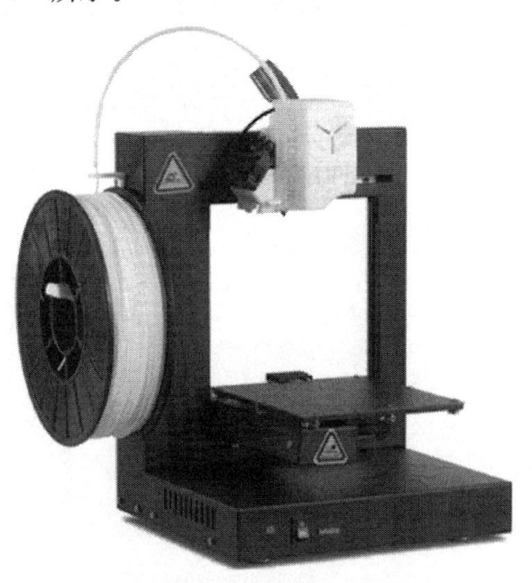

图 4-5　up plus 2 3D 打印机

4.2　光固化成型

4.2.1　技术原理

光固化成型工艺是一种基于光聚合反应而使液态材料转化为固体形状的技术，材料主要采用液态的光敏树脂，用特定波长与强度的激光或紫外线聚焦到材料表面，使之由点到线，由线到面顺序凝固，完成一个层面的绘图作业，之后升降台在垂直方向移动一个层面的高度，再固化另一个层面。这样层层叠加构成一个三维实体。如图 4-6 所示为光固化成型工作原理图。

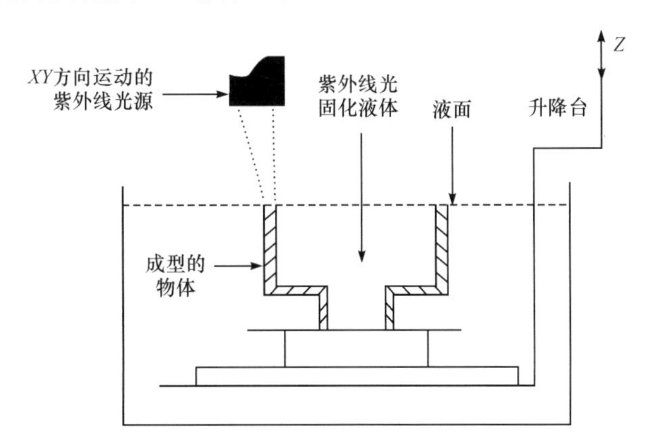

图 4-6　光固化成型工作原理图

4.2.2　技术特点

SLA 技术的优点如下。

① 较早出现的成型技术，具有成熟度高、稳定可靠等优点。

② 打印高效、生产周期短，与常规产品成型技术相比，可节省 70%的时间，且不易产生废料。

③ 可以加工各种结构复杂、镂空等传统生产工艺难以实现的效果。

④ SLA 技术是集计算机、CAD/CAM、数控、激光、机械和材料等于一体的先进制造技术。整个生产过程可实现自动化、数字化，零件可随时制造与修改，实现设计制造一体化。

SLA 技术的缺陷如下。

① SLA 技术造价比 FDM 技术昂贵，使用和维护成本较高。

② SLA 技术要对液体进行精密操作，对工作环境要求苛刻。

③ 成型件多为树脂类，强度、刚度、耐热性都相对较差，不利于机械类产品的

开发,同时产品开发后不利于长时间保存。

④ 液态树脂具有刺激气味和轻微毒性,应防止发生聚光反应,进行避光保护。

4.2.3 SLA 工艺处理过程

SLA 是最早应用的快速成形技术,采用液态光敏树脂原料,工艺原理如图 4-6 所示。其工艺过程如下。

首先,通过 CAD 软件设计出三维模型,利用离散程序将模型进行切片处理,设计扫描路径,通过扫描产生的数据将精确控制激光扫描器和升降台的运动。

其次,激光光束通过数控装置控制的扫描器,按设计的扫描路径,照射到液态光敏树脂表面,使表面特定区域内的一层树脂固化,当一层加工完毕后,就生成打印模型的一个截面。

然后,升降台下降一定距离,在固化层上覆盖另一层液态树脂,进行第二层扫描,第二固化层牢固地粘接在前一固化层上,这样一层层叠加形成三维产品原型。

最后,将原型从树脂中取出,进行最终固化,再经打光、电镀、喷漆或着色处理就可以得到要求的产品[2]。

4.2.4 SLA 打印机介绍

Formlab 公司推出的 Form1 被业界称为准专业 3D 打印机,是美国 Formlabs 公司成立后推出的首款高精密度桌面 3D 打印机。该 3D 打印机采用光固化成型技术,精确度达到了 25μm。Form1 设计制造基于一个宗旨:制造一台个人设计师可以负担得起价格的真正专业品质的高精度 3D 打印机,如图 4-7 所示。

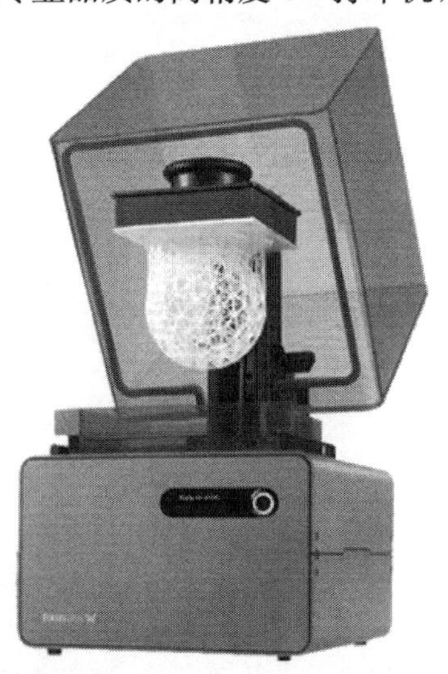

图 4-7 Form1 3D 打印机

3D Systems 公司推出的 ProJet 1200 打印机，虽然尺寸小巧，但功能强大。采用 SLA 激光固化成型技术，可以打印出细节精细、表面光洁的树脂件，特别适合对成型尺寸不大，但对细节要求比较高的客户使用，如珠宝饰品、电子零部件等，成型件可用于铸造、翻模和装配验证，如图 4-8 所示。

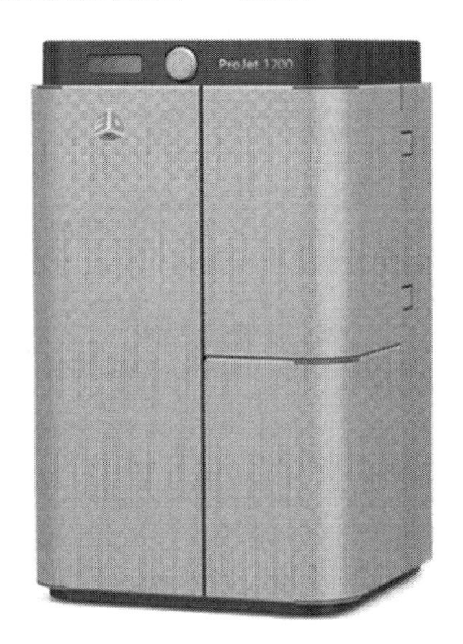

图 4-8　ProJet 1200 3D 打印机

Stratasys 公司 Mojo 光固化 3D 打印机为专业级别，能够制造高端产品，该打印机可以打印超高质量和精度的模型，使用方便，可以媲美工业级的设备，如图 4-9 所示。

图 4-9　Mojo 光固化 3D 打印机

3D Systems公司推出的7000HD光固化打印机，可通过简单的按钮操作就可以打造真正的SLA部件。相比ProJet 6000，7000HD光固化3D打印机配备了一个更大的平台，允许在一次成型操作中生产一件或多件较大的部件，提供三种打印配置，实现更为经济的应用。其可支持的材料包括坚韧的、弹性的、黑色的、透明的和耐高温的几种类型，使用户可以选择合适的材料进行打印，如图4-10所示。

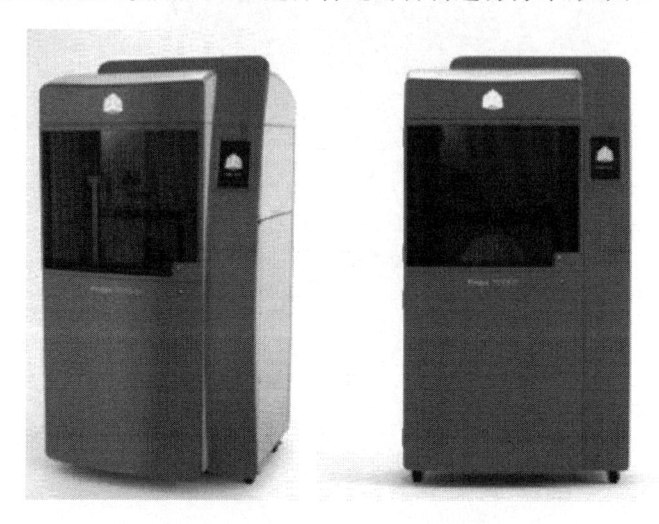

图4-10　7000 HD光固化3D打印机

4.3　选择性激光烧结成型

4.3.1　SLS工艺技术原理

SLS法采用红外激光器作能源，使用的造型材料多为粉末材料。加工时，首先将粉末预热到稍低于其熔点的温度，然后在刮平辊子的作用下将粉末铺平；激光束在计算机控制下根据分层截面信息进行有选择地烧结，一层完成后再进行下一层，全部烧结完后去掉多余的粉末，就可以得到烧结好的零件。

在成型的过程中因为是烧结粉末，所以工作中会有粉状物体污染办公空间，设备要有单独的空间放置。另外，成型后的产品是一个实体，一般不能直接装配进行性能验证，而且产品存储时间过长会因内应力释放而变形。对容易发生变形的地方设计支撑，成品的表面质量一般。这种3D打印机生产效率较高，运营成本较高，设备费用较贵，其能耗通常在8000瓦以上，材料利用率约为100%。如图4-11所示为SLS工艺原理图。

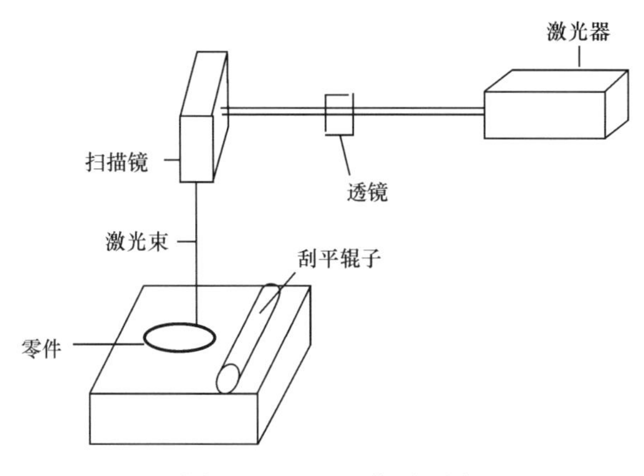

图 4-11　SLS 工艺原理图

4.3.2　SLS 工艺技术特点

(1) 技术优点

① SLS 工艺最大的优点在于材料选择广泛。从理论上讲，任何可被激光熔化且具有黏性的材料都可以作为打印材料，如尼龙、蜡、ABS、树脂裹覆砂(覆膜砂)、聚碳酸酯、金属和陶瓷粉末等都可以作为烧结对象。

② 打印时，成型工艺较为简单，不需要支柱等。

③ 材料利用率高，每一层打印完成后，多余的粉末可作为下一层的支撑，并充分利用，利用率接近 100%。

④ 每一层的截面为同时固化成型，减小材料的温差收缩所产生的应力，零件打印出来不易变形。

(2) 技术缺点

① 打印成品都是由粉末熔解，再粘连在一起，整体的产品强度不高，只能作为测试和样板参考。

② 同样采用上述粘连的原理，导致成品的表面不够整洁，相对于 SLA 工艺，其精确度较低。

③ SLS 生产的工艺相对较为复杂，且成本较高。其采用激光烧结，激光发射器本身较为昂贵，所以该技术主要用于专业领域，较难在日常生活中普及。

4.3.3　SLS 工艺处理过程

① 通过 CAD 软件设计出三维模型，将模型导出为 STL 格式，利用离散程序将模型进行切片处理，设计扫描路径。

② 铺粉滚筒将第一层粉末铺平，通过扫描镜的反射，控制激光光束的方向，按设计的扫描路径照射到粉末材料的表面，使粉末熔解并相互粘连。形成零件的一个截面，未烧完的粉末作为下一层的自然支撑。

③ 烧结完第一层后，升降台下降一层截面的距离，滚筒继续将其铺平，进行第二层的烧结，如此循环，直至结束。

④ 将原型从树脂粉末中取出，再经打光、烘干、电镀、喷漆或着色处理后即可得到要求的产品。

4.3.4 SLS 打印机介绍

武汉华科三维科技有限公司是华中地区投资规模最大的专业 3D 打印装备研发制造平台，其研发的 HK S500 系列 3D 打印机采用激光烧结技术，以树脂砂和可消失熔模为成型材料，再通过与铸造技术结合，快速铸造出发动机缸体、缸盖、涡轮、叶轮等结构复杂的零部件。该设备采用双缸铺粉原理，成型精度可达 0.2mm，成型室尺寸为 320mm×320mm×450mm，如图 4-12 所示。

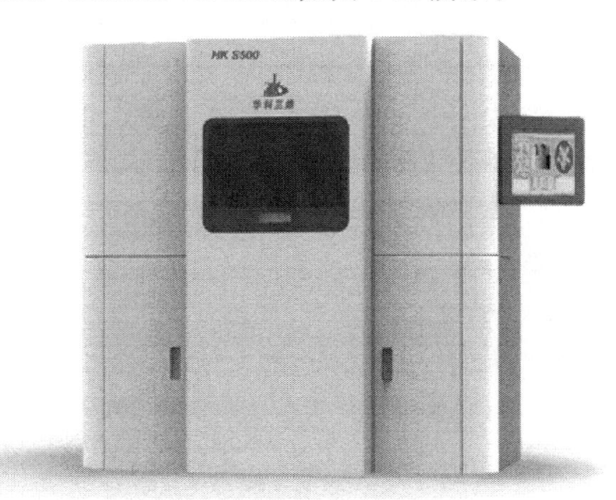

图 4-12 HK S500 3D 打印机

传统的 SLS 设备。Sintratec 推出的廉价 SLS 3D 打印机只需 5277 美元，这价格已经与 FDM 民用中高端机型 MakerBot 的第三代 Replicator 2x 持平。这款 SLS 打印机采用二极管激光发射器，功率较低，加工的粉末材料只能是蜡、塑料等低熔点材料，廉价的耗材也是这款 3D 打印机价格较低的原因之一，由于石蜡在模具铸造领域的广泛应用，也不失为一种高效的模具加工方法，如图 4-13 所示。

Objet1000 3D 打印机，配备 1000mm×800mm×500mm 的超大构建托盘，在提高生产力的同时又不影响打印精度。该款 3D 打印机大部分时间都在无人值守的情况下运行，直接根据 CAD 数据制造多种材料零件，任何生产条件下都能实现

图 4-13　SLS 3D 打印机

精致的细节和复杂的几何形状。在汽车和航空航天等行业中，Objet1000 可简化 1∶1 模型、模子、模具、卡具，以及其他制造工具的生产流程。与之前的系统相比，它的打印速度提高了 40%，如图 4-14 所示。

图 4-14　Objet1000 3D 打印机

生产型 3D 打印机 EOS M400，该机型基于 400mm×400mm×400mm 的成型空间，能够在工业规模生产中根据 CAD 数据直接生产出大型金属部件，而不需要任何辅助工具。该款 3D 打印机使用 1000 瓦的激光，具有更高的功率和生产效率。由于具有两个重涂覆的刀片，使得非生产时间减少。其使用新的带有自动清洗功能的循环过滤系统，降低了材料过滤的成本。其使用材料多样化，包括模具钢、钛合金、铝合金、CoCrMo合金、铁镍合金等粉末材料，可以满足个性化生产需求，如图4-15所示。

图4-15　EOS M400 3D打印机

4.4　三维粉末粘接

4.4.1　技术原理

3DP技术由美国麻省理工大学开发，原料使用粉末材料，如陶瓷粉末、金属粉末、塑料粉末等。其工作原理是先铺一层粉末，然后使用喷嘴将黏合剂喷在需要成型的区域，让材料粉末粘接，形成零件截面，然后不断重复铺粉、喷涂、粘接的过程，层层叠加，获得最终零件。

目前常用3D打印的成形材料有淀粉复合粉末、陶瓷粉末，以及石膏复合粉末等。淀粉复合粉末主要成分是麦芽糊精、蔗糖和纤维素，具有价格低廉、易于粘接的优点，但该种材质结构强度低，外表粗糙。陶瓷粉末材料也有同样的结构强度低、精度低等问题。石膏材料则具有较好的结构强度，且表面较为光滑，是较为理想且应用广泛的材料，如图4-16所示为3DP工艺原理图。

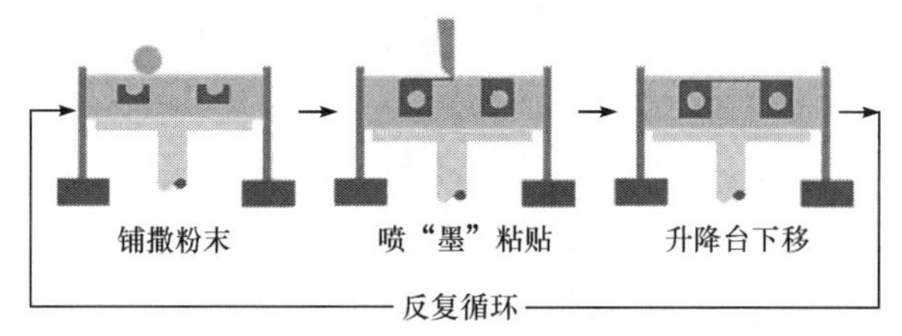

图4-16　3DP工艺原理图

4.4.2 技术特点

(1) 技术优点

① 3DP工艺材料选择广泛,金属粉末、塑料粉末、陶瓷粉末、有机粉末等均可作为选材的对象。

② 打印时成型的速度快,不需要支柱,而且材料的利用率高。

③ 能够输出彩色打印产品,这是目前其他技术都难以实现的,如ZPrinter的z650打印出来的产品最大可以输出39万色。

(2) 技术缺点

① 打印成品都是由粉末熔解再粘连在一起,产品的整体强度不高,只能作为测试和样板参考。

② 与SLS工艺类似采用粉末粘连的原理,导致成品表面不够整洁,相对于SLA工艺,其精确度较低。

③ 生产粉末材料的工艺相对较为复杂,成本较高,该技术主要用于专业领域,桌面级应用较少。

4.4.3 处理过程

3DP工艺处理过程与SLS类似。

① 通过CAD设计出三维模型,将模型导出为STL格式,利用离散程序对模型进行切片处理,设计扫描路径。

② 铺粉滚筒将第一层粉末铺平,然后使用喷嘴将黏合剂喷在需要成型的区域,让材料粉末粘接,形成零件截面。

③ 打印完第一层后,升降台下降一层截面的距离,滚筒继续将第二层粉末铺平,进行第二层的黏合,如此循环,直至结束。

④ 将原型从树脂中取出后,再经打光、烘干、电镀、喷漆或着色处理即可得到要求的产品。

3DP工艺处理过程与SLS的区别是,3DP主要通过黏合粉末和各打印层,而SLS主要通过激光烧结熔化有黏性的粉末再进行黏合。

4.4.4 3DP打印机介绍

ZPrinter 850 3D打印机采用3DP工艺原理,该机型的外形尺寸达1190mm×1160mm×1620mm,成型尺寸可达50.8cm×38.1cm×22.9cm,材料采用类石膏粉末,打印精度为0.1mm,色彩位数39万色,不需要额外涂料喷漆,可以直接打印出色彩丰富的产品模型,如图4-17所示。

图 4-17　ZPrinter 850 3D打印机

voxeljet vx2000 3D打印机，应用非常广泛，包括设备制造、零件铸造、汽车和航空等领域。在 2060mm×1060mm×1000mm 的构建空间里，用户使用 voxeljet 提供的专用颗粒材料生产大型模具，也可以同时打印多个小型物体。该机一个喷墨头由多达 13280 个喷嘴组成，分辨率高达 600 dpi，打印层厚在 100～400μm，单次打印宽度为 564mm，如图 4-18 所示。

图 4-18　voxeljet vx2000 3D打印机

4.5 小　结

本章重点介绍 3D 打印机的工作原理，包含熔融沉积快速成型、光固化成型、选择性激光烧结、三维粉末粘接等常见的打印类型，每一类型从技术原理、技术特点、工艺处理过程，以及该类型代表性的 3D 打印机举例进行阐述，使读者可以较为全面的了解各类打印机的异同点和工作原理。

参考文献

[1] 余东满，李晓静，王笛. 熔融沉积快速成型工艺过程分析及应用. 机械设计与制造，2011，8：66-67.
[2] 杨洋，宋昌江，费磊. 熔融沉积快速成型技术与三维扫描技术的结合应用. 自动化技术与应用，2014，33(12)：39-43.

第5章 3D打印机的驱动控制系统

5.1 驱动控制系统的组成

驱动控制系统是3D打印机的重要组成部分，犹如人体的大脑及神经系统，负责控制3D打印机的各个运动部件，是实现精确3D打印的重要保证。目前，多数普及型3D打印机驱动控制系统的结构都比较类似。如图5-1所示为MakerBot公司开发的驱动控制系统的原理图[1]。

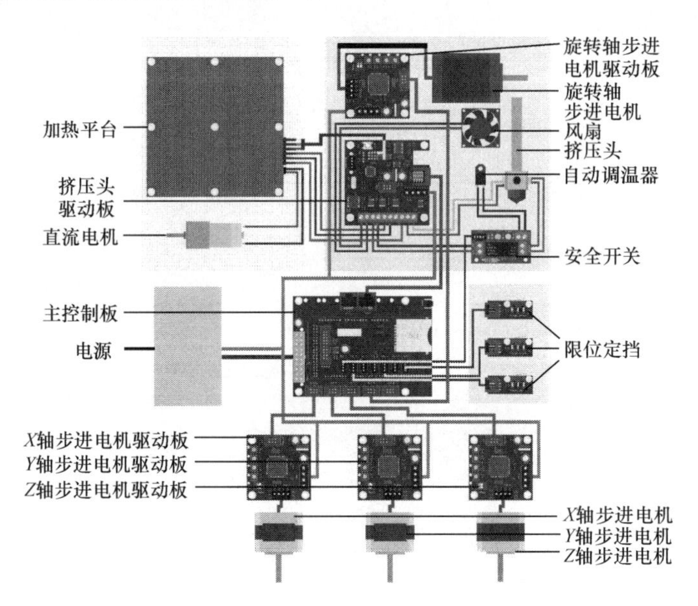

图5-1 MakerBot公司开发的3D打印机驱动控制系统原理图

3D打印机的驱动控制系统包含系统主板，X、Y、Z轴步进电机驱动板及步进电机、挤压头驱动板及控制挤压头给料的电机、限位定挡、温度采集器及调温器、加热平台等部件，有的驱动控制系统还含有旋转轴步进电机驱动板和步进电机。系统主板上搭载的主控芯片负责执行控制程序(固件)，接收并解码从主机传送过来的控制指令文件，产生控制信号并发送给步进电机驱动板、挤压头驱动板等部件，进一步控制3D打印机的各个运动部件。主控芯片还会通过热电偶、限位定挡等传感器部件获取温度、位置等反馈信息，对运动部件的动作作出判断。X、Y、Z轴步进电机驱动板从系统主板接收控制步进电机工作的脉冲信号(step信号)及方向信号(dir信号),并将其转化为步进电机的角位移信号,而后将角位移信号传送至步进电机来实现在X、Y、Z轴上的运动控制。挤压头驱动板则根据从系统主板接受到的控制信号,控制和调节挤压头主辅齿轮的拖动电机,输出符合工艺要求的转速和功率,同时检测和调节挤压头中物料的温度、压力、流量等,从而获得高质量、精确的熔融物料挤出控制。限位定挡则利用对运动部件运动极限进行限定的控制开关,产生运动已达极限的电信号并传送给主控芯片,实现挤压头在X、Y、Z轴三个方向上的精确运动控制。

本章着重介绍组成3D打印机驱动控制系统的各个重要组成部分,具体包括主控芯片、系统主板、步进电机驱动板、挤压头驱动板、限位定挡等。此外,任何电子设备的工作都离不开软件的支持,本章最后介绍3D打印机常用软件。

5.2 主控芯片

主控芯片是3D打印机主板的核心组成部分,是控制3D打印机各个外围硬件设备工作的大脑。主控芯片通过执行3D打印机固件,从主机接收g-code文件并进行相应的解码,生成一系列底层硬件操作指令,从而实现挤出机的运动控制。3D打印机的主控芯片不需要执行太多的运算操作,对处理器性能没有太高的要求,所以主控芯片的选择标准往往取决于软件开发调试环境、所支持的硬件接口类型、内藏存储器容量、功耗、成本等因素。目前,多数基于RepRap项目开发的3D打印机都采用ATMEL公司设计的Atmega系列微处理器作为驱动控制系统的主控芯片。Atmega640/1280/1281/2560/2561系列微处理器[2]由于具有完整的软件开发工具、丰富的硬件接口电路、较大的片内存储器,以及低成本低功耗等特性,被广泛应用与各种基于RepRap项目的3D打印机系统主板上。表5-1列举了其中的一些具体应用[3]。

表5-1 Atmega640/1280/1281/2560/2561的应用

3D打印机系统主板	选择的主控芯片
RAPMS	Atmega1280,Atmega2560
sanguinololu	Atmega644p,Atmega1281
megatronics	Atmega1280
ultimaker electronics	Atmega1280
azteeg x3	Atmega1280,Atmega2560
pololu electronics	Atmega1280
RAMBo	Atmega2560
RUMBA	Atmega2560

下面主要介绍 Atmega640/1280/1281/2560/2561 系列微处理器的体系结构及相关特性。

5.2.1 Atmega640/1280/1281/2560/2561 系列微处理器简介

Atmega640/1280/1281/2560/2561 系列微处理器是一种基于先进 AVR RISC 结构的 8 位低功耗 CMOS 微处理器。由于其先进的指令集及高效的流水线结构，指令执行效率可高达 1MIPS/MHZ，从而能够很好地缓解系统在功耗和处理速度之间的矛盾。Atmel AVR 核具有 32 个通用寄存器和丰富的指令集，所有的 32 个通用寄存器都直接与 ALU 相连接，使得两个独立的寄存器能够在一个时钟周期内被一个单独指令访问。这具有比普通的 CISC 微处理器更高的代码执行效率，数据吞吐率最高可达普通 CISC 微处理器的 10 倍。

Atmega640/1280/1281/2560/2561 系列微处理器具有相似的内部硬件体系结构，其区别主要存在于片内存储器容量大小、引脚及外部接口的数目。表 5-2 列举了一些相关配置参数。

表 5-2 Atmega640/1280/1281/2560/2561 的参数比较

器件名称	Flash	EEPROM	RAM	I/O 引脚	PWM 通道	串行 USART	ADC
Atmega640	64KB	4KB	8KB	86	12	4	16
Atmega1280	128KB	4KB	8KB	86	12	4	16
Atmega1281	128KB	4KB	8KB	54	6	2	8
Atmega2560	256KB	4KB	8KB	86	12	4	16
Atmega2561	256KB	4KB	8KB	54	6	2	8

5.2.2 Atmega640/1280/1281/2560/2561 系列微处理器的体系结构和特性

Atmega640/1280/1281/2560/2561 系列微处理器硬件体系结构如图 5-2 所示。该系列微处理器体系结构具有以下特点。

1. 具有高效硬件流水线结构的 AVR CPU 核

AVR CPU 核作为采用标准哈弗结构的 RISC 处理器，分别使用独立的存储器、总线访问程序代码及数据。单级流水线结构、执行指令与读取指令同时进行等特性保证了 1 指令/周期的执行效率。32 个 8 位通用寄存器中的 6 个可以用来作为 3 个 16 位的间接地址寄存器指针，实现有效的地址计算。逻辑运算单元可以在一个时钟周期内实现寄存器之间或寄存器与操作数之间的算术或逻辑运算。程序控制通过有条件或无条件的跳转指令或调用指令实现。

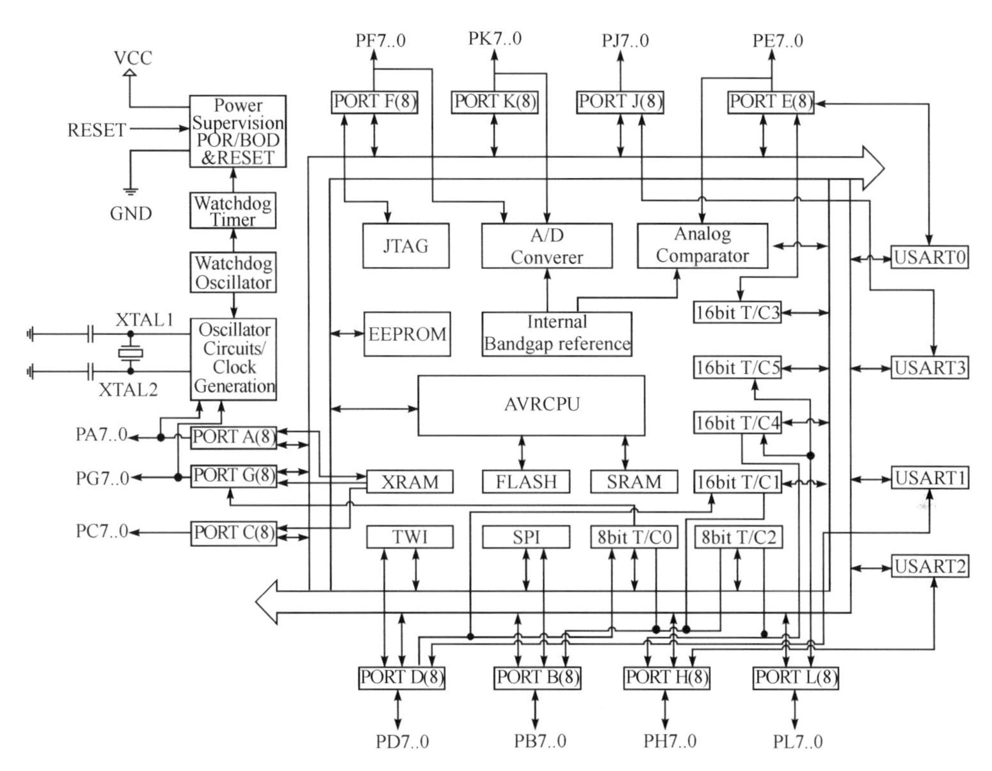

图 5-2 Atmega640/1280/1281/2560/2561 系列微处理器体系结构

2. 64K/128K/256K 字节片内可编程 Flash

Flash 用来存储程序指令代码。由于 AVR 核中的指令都是 16 位或 32 位的，因此 Flash 都以 32K/64K/128K×16 的形式组成。从软件程序的安全可靠性出发,AVR 核微处理器的 Flash 程序存储空间被分为引导程序区和应用程序区。这两个区都设有专用的锁止位来提供写保护。AVR 核为引导程序提供 SPM 指令对应用程序区进行写操作。Flash 存储器的寿命至少可达到 10 000 次写/擦除周期。

3. 4K 字节的片内 EEPROM

EEPROM 作为一个独立的数据空间存在,可在一个时钟周期内提供数据读和写。EEPROM 寿命至少可达到 10 000 次写/擦除周期。EEPROM 访问由地址寄存器、数据寄存器和控制寄存器决定。

4. 8K 字节的片内 SRAM

Atmega640/1280/1281/2560/2561 系列微处理器提供最大 64KB 的数据存储空间:32 个通用寄存器($00- $1F)、64 个 I/O 寄存器($20- $5F)、416 个扩展 I/O寄存器($60- $1FF)及 63.5KB 的 SRAM 存取器空间($200- $FFFF)。SRAM 存储器空间中开始的 8KB 为片内 SRAM 存储器空间($200- $21FF),其数据读写操作可在一个时钟周期内完成。片内 SRAM 存储器空间之后的地址空间($2200- $FFFF)为片外 SRAM 存储器预留,系统设计者可以利用片外 SRAM 存储器自由定制实际的数据存储空间,但总的存储空间不能超过 64KB。

5. 可编程的通用 I/O 管脚

Atmega1281/2561 与 Atmega640/1280/2560 微处理器分别拥有 54 条和 86 条可编程通用 I/O 管脚。所有 AVR I/O 管脚都具有真正的读-修改-写功能,AVR CPU 核提供 SBI 或 CBI 指令可对每一个 I/O 管脚进行单独编程设置,从而改变 I/O 管脚的方向。I/O 管脚的可编程性为整个系统的设计提供了很高的灵活性。

6. 具有可比较模式和 PWM 功能(脉冲宽度调制)的定时器/计数器(T/C)

共提供 6 个定时器/计数器,其中两个是具有独立预分频器和比较器功能的 8 位定时器/计数器(T/C0 和 T/C2),另外 4 个为具有预分频器、比较器和捕捉功能的 16 位定时器/计数器(T/C1、T/C3、T/C4 和 T/C5),每个定时器/计数器都具有相位校正脉冲宽度调制器的功能,提供可变 PWM 周期的脉冲输出。

7. 4 个 USART(通用同步和异步串行收发器)

USART 是一种高度灵活的串行通信设备,其主要特点是具有独立串行收发寄存器的全双工操作模式;可设置为异步或同步操作模式;高精度的波特率发生器;数据过速检测及帧错误检测功能;三种独立中断,即发送结束中断、发送数据寄存器空中断以及接收结束中断;硬件支持的奇偶校验生成和校验操作等。

8. 1 个面向字节的两线串行接口(TWI)

TWI 很适合典型的微处理器应用,TWI 协议允许系统设计者只用两根双向传输线就可以将多达 128 个不同的设备连接起来。这两根线一条用作时钟线(SCL),另一条用作数据线(SDA)。实现这种总线所需的外部硬件仅仅只要为每根 TWI 总线设置一个上拉电阻。

9. 1 个模数转换器(ADC)

该 ADC 设备是一个 10 位的逐次逼近型模数转换器,具有±2LSB 的绝对精度和 13～260μs 的转换时间。它与一个 8/16 通道的模拟多路复用器连接,能够对来自端口 F 及端口 K 的 8 路或者 16 路单端输入电压进行采样。该单端电压输入将 0V(GND)作为参考基准。该设备还支持 16/32 路差分电压输入组合。

10. 增强型看门狗定时器(WDT)

该 WDT 由片上振荡器提供计数时钟(128KHZ),一旦计数值超时,即生成一个中断或者系统复位信号。在正常的操作模式下,它要求系统在超时之前使用 WDR 指令重启计数器,否则将产生一个中断或系统复位信号。

11. 1 个 SPI 串行接口

SPI 串行接口允许 Atmega640/1280/1281/2560/2561 系列微处理器能够与外部设备进行高速同步数据传输。它包括全双工、3 线同步数据传输;主/从机操作模式;LSB 先发或者 MSB 先发传输选择;7 种可编程比特率;传输结束中断标志;写冲突标志保护;闲置模式唤醒功能等。

12. JTAG 接口及片上调试系统

与 IEEE 1194.1 标准兼容的 AVR JTAG 测试接口可用于对 PCB 板进行 JTAG 边界扫描测试;对非易失性存储器、熔丝位和锁定位进行编程;片上调试。AVR Studio 开发环境提供专用 JTAG 指令实现片上调试功能。

13. 6 个可通过软件选择的省电模式

① 空闲模式:停止 CPU 执行,但是允许 SRAM、Timer/Counters、SPI 端口和中断系统继续工作。

② 掉电模式:停止晶振的振荡并保存寄存器中的内容,除中断或者硬件复位,其他全部功能都停止工作。

③ 省电模式:异步定时器继续工作,以允许用户继续维持时间基准,而器件的其他组件则处于睡眠状态。

④ ADC 噪声抑制模式:除异步定时器和 ADC(模数转化器)之外,停止 CPU 和其他所有 I/O 端口的运行,来降低在 ADC 转换中的开关噪声。

⑤ 待机模式:只有石英晶体振荡器或谐振振荡器继续运行,其他所有的部件处于睡眠状态,这种模式下只消耗极少的电流,但具有快速启动的能力。

⑥ 扩展待机模式:允许主振荡器和异步定时器继续运行。

Atmega640/1280/1281/2560/2561系列微处理器为嵌入式控制应用提供完整的程序开发工具，包括C编译器、宏汇编、程序调试器/仿真器、内电路仿真器和评估套件等。此外，Atmel还提供了QTouch库套件工具实现对电容触摸按键、滑动器和滑轮功能的支持。

5.3 系统主板

系统主板在整个3D打印机驱动控制系统中起着最主要的作用。除搭载主控芯片，系统主板还提供连接步进电机驱动板、挤压头驱动板等其他电路板或设备的接口，控制其他电路板的正常工作。此外，系统主板一般还会提供SD卡接口读取用于分层打印的g-code文件；USB接口从计算机主机接收3D打印数据或固件更新；LCD接口提供3D打印信息的液晶显示等。总的来说，系统主板的功能直接决定了3D打印机的功能。下面介绍采用Atmega微处理器的MakerBot主板[4]和采用ARM微处理器的Smoothieboard主板[5]。

5.3.1 MakerBot主板

MakerBot主板（图5-3）以Arduino MEGA为核心板，在Arduino MEGA核心板的基础上，外扩的许多外设用来满足3D打印机所需的各种功能，具体外设接口包括5个步进电机驱动板接口；2个RS485接口，用于连接挤压头驱动板，并且支持多达5个RS485接口；6个限位定挡接口和1个急停开关；1个SD存储卡插槽；1个标准的ATX电源接口等。

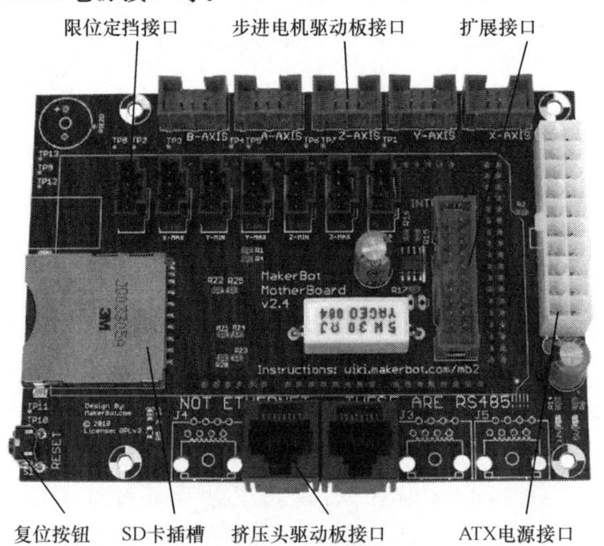

图5-3　MakerBot主板（Arduino MEGA核心板接口位于背面）

1. 步进电机驱动板接口

MakerBot主板提供5个步进电机驱动板接口。通过这些接口及相应的驱动板,用户可以很容易地控制5个不同的步进电机,如 *X*、*Y*、*Z* 轴步进电机、挤压头电机和旋转轴电机。MakerBot主板能够在同一时间内驱动不同的步进电机,实现精确的运动控制,这是该系统板的一个优势。每个步进电机驱动板接口具有相同的引脚设置,表5-3描述各个引脚的定义。

表5-3 步进电机驱动板接口的引脚定义

编号	引脚名	功能
1	N/C	无功能引脚,在主板上断开
2	GND	接地
3	STEP	步进输出,输出步进脉冲至驱动步进电机驱动板
4	DIR	方向控制,高电平表示向前动作,低电平表示向后动作,可以在程序中设置
5	ENABLE	步进电机使能引脚,低电平使能步进电机,可以在程序中设置
6	N/C	无功能引脚,在主板上断开。

2. 挤压头驱动板接口

MakerBot主板与挤压头驱动板之间通过RS485协议进行通信。为此,MakerBot主板提供2个RS485接口,用于控制挤压头驱动板。实际上,在系统主板上共留有5个RS485接口,因此可以扩展更多的挤压头驱动板或其他基于RS-485通信协议的外围设备。

RS485协议是一种差分信号协议,可以降低信号通信过程中的噪声问题或通信错误。MakerBot主板的RS485接口采用两线制接线方式,总线式拓扑结构下在同一总线上最多可以挂接32个节点。单个RS485接口的引脚定义如表5-4所示。

表5-4 RS485接口的引脚定义

编号	引脚名	功能
1	RS485A	RS485通信协议通道A
2	RS485A	RS485通信协议通道B
3	+12V	+12V电源供电
4	+12V	+12V电源供电
5	+12V	+12V电源供电
6	GND	接地
7	GND	接地
8	GND	接地

3. 限位定挡接口

限位定挡在3D打印机系统中控制运动部件行程，起避免发生碰撞事故的作用。当3D打印机运动部件行程达到它的运动极限时，限位定挡接通或断开电路，并产生信号通知系统可以让运动及时停下。MakerBot主板将限位定挡接口直接集成在主板上，支持7个限位定挡驱动。用户可以用本系统主板来控制7个限位定挡：X＋、X－、Y＋、Y－、Z＋、Z－和一个紧急停止开关E-Stop，当然这只是针对有这些需要的3D打印机系统，而大部分的机器只需要3个限位定挡，其余的可以按照用户的需要来添加。单个限位定挡接口的引脚定义如表5-5所示。

表5-5 限位定挡接口的引脚定义

编号	引脚名	功能
1	5V	电源引脚，提供限位定挡的5V电源
2	GND	接地
3	GND	接地
4	SIGNAL	信号输入。低电平表示限位定挡处于激活状态，高电平表示限位定挡处于正常状态，可以编程改变该设置

4. SD卡接口

MakerBot主板提供一个标准的SD卡插口，并支持2GB的SD卡。MakerBot主板可以从SD卡中读取文件，也可以写文件到SD卡中。因此，3D打印机系统除了通过USB通信从计算机主机接收打印数据外，还可以直接从SD卡中读取g-code文件进行打印。在传统的USB串行通信中，计算机主机与3D打印机主板的通信比较慢，所以在一些含有小线段的高分辨率打印中，步进电机极短时间的停顿可能导致打印出来的效果很差。如果用SD卡存储打印文件，然后直接由系统主板读取，则可避免出现这种问题。因此，对SD存储卡的支持有助于提高3D打印机的打印质量。

5. Arduino MEGA核心板

MakerBot主板是以硬件开源的Arduino MEGA板为核心。Arduino MEGA板(图5-4)插在MakerBot主板背面的相应引脚上。它采用Atmega1280微处理器作为主控芯片，通过执行3D打印机固件程序对g-code文件进行解码，生成一系列控制3D打印操作的底层硬件操作指令。Arduino MEGA板提供54个数字I/O引脚(其中14个用作PWM输出)、16个模拟输入引脚、4个UART控制接口、1个16MHz晶体振荡器、1个USB连接、1个电源插口、1个ICSP头，以及1个复位按钮。

图5-4 Arduino MEGA板

Arduino MEGA板包含组成微处理器系统必需的部件。

(1) 存储器

Atmega1280微处理器内建128KB Flash(用于存储代码,其中4KB用于引导程序)、8KB SRAM及4KB的EEPROM(可以通过EEPROM库进行读写)。

(2) 通信方式

Arduino MEGA板提供54个数字I/O引脚,每个I/O都工作在5V电压下,可以提供或接收最大40mA的电流。每个I/O引脚内部都设有一个20～50Ω的上拉电阻(默认情况下断开)。除了普通的数字I/O,它还提供具有特殊功能的I/O接口,如SPI接口、外部中断输入、I2C接口,以及PWM输出等。Arduino MEGA板还提供一系列与电脑或其他Arduino设备通信的方法:Atmega1280微处理器提供4个硬件UART支持TTL电平串行通信,FTDI FT232RL芯片方式提供USB到串行UART接口的转换。

(3) 编程方式

用户可以使用Arduino IDE开发3D打印机固件程序。Atmega1280微处理器的Flash存储器中预置了一个引导程序,该引导程序可使用户直接将代码下载到Arduino MEGA核心板上,而不需要额外的外部编程器。此外,用户也可以通过ICSP(in-circuit serial programming)接口,将程序下载到Arduino MEGA核心板上。

(4) 自动软件复位

Arduino MEGA板提供一个自动软件复位功能,使用户可以通过计算机主机上的程序对3D打印机进行系统复位。FTDI FT232RL芯片的一个硬件流控制线通过一个100nF电容与Atmega1280微处理器的复位引脚相连。当该硬件流控制线被设置为低电平时,复位线变成低电平并保持足够长的时间,从而使Atmega1280微处理器被复位。

(5) USB过流保护

Arduino MEGA板提供一个可复位的多晶硅熔线，对USB端口的过流或短路实施保护。尽管大多数的计算机都在内部提供类似功能，但这个可复位的多晶硅熔线可以提供额外的保护。当USB端口电流大于500mA时，熔线会自动断开连接直到短路或过载被消除。

5.3.2　Smoothieboard主板

在RepRap项目的主板中，大多数都是以Atmega微处理器为基础，虽然微处理器型号可能不同，但是它们都相互兼容。微处理器在RepRap主板上直接集成或插入。MakerBot主板采用Atmega微处理器，并以Arduino MEGA核心板的形式存在。这里介绍与之不同的一款集成32位ARM微处理器的系统主板(Smoothieboard)。

Smoothieboard主板是一块基于LPC1769或LPC1768芯片且硬件开源的系统控制板(图5-5)，可用于3D打印机、激光切割机、数控铣床等小型数控设备。LPC176X系列是以ARM Cortex-M3为CPU核的微处理器，运行主频为96～120MHz，芯片内部集成了丰富的硬件处理资源。

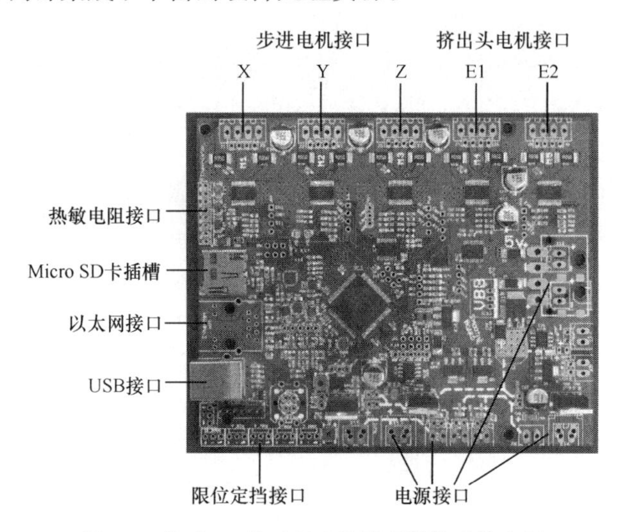

图5-5　集成32位ARM微处理器的系统主板

主板在LPC176X的基础上，外扩了许多实用的硬件设备，如USB2.0接口、以太网接口、microSD卡接口、Allegro A4982步进电机驱动器、电源输入/输出、限位定挡接口、热敏电阻信号输入等。与MakerBot主板相比，Smoothieboard主板不需要额外的步进电机驱动板、挤压头驱动板等子板，也不需要外接Arduino MEGA核心板，在使用便利性和空间尺寸上都具有较大的优势。

1. LPC176X系列微处理器

LPC176X系列是面向嵌入式应用,集成度高且功耗低的微处理器。该处理器基于ARM Cortex-M3架构,主频能达到100MHz以上。在芯片内部集成了512KB的闪存和64KB的数据存储器供用户使用。该微处理器具有:8通道通用DMA控制器;以太网MAC RMII接口和专用DMA控制器;USB2.0控制器;4个UART控制器,内部支持FIFO和DMA;CAN2.0控制器;3个增强型的I2C接口;I2S接口;12/8bit AD转换器;支持PWM输出;具有4个低功耗模式;上电复位。此外,支持ISP和IAP两种下载方式。

2. 步进电机控制器

Smoothieboard主板搭载5个Allegro A4982步进电机驱动芯片,可控制3D打印机三个直角坐标轴方向的步进电机,以及挤压头步进电机与旋转轴步进电机。每个Allegro步进驱动器能够驱动35V、2A的双极性步进电机,并且能使电机按1/16精读步进。在控制方面,Smoothieboard主板采用数字控制的方式取代以往的手动调节电位器,这样就能更加精确地控制电机的运动,使得打印效果能更好满足用户需求。步进电机电源输入在Smoothieboard上有两种方式:一种是通过USB或其他方式输入5V电压,另一种是通过主板提供的电源输入,即通过板载的MOS场效应管输入12V或24V电压。

3. 板载的场效应管

Smoothieboard主板集成了2个小的表贴式MOS场效应管ZXMN4A06和2个大的MOS场效应管AOT240L。对于ZXMN4A06场效应管,用户可以用它驱动一些小型负载,如小型风扇、LED照明或继电器控制等。对于2个大的MOS场效应管AOT240L,则是用于驱动比较大的负载。AOT240L的输出电压为40V,输出电流可以达到20A,因此输出功率完全可以满足用户更大范围的需求。在Smoothieboard主板上,AOT240L有两种尺寸接口,一种是2.54mm输出接口,另一种是3.5mm输出接口,由于AOT240L是用于驱动大负载,因此建议用户使用3.5mm的输出接口。

4. 板载热敏电阻信号输入

Smoothieboard主板集成了4个专门用于采集热敏电阻信号的模数转换器,这是Smoothieboard主板的一大优点。在3D打印机的实际应用中,4个热敏电阻信号输入可以用于一些需要进行温度测量的场合,与主板上的MOS场效应管和加热元件配合使用时,可以实现精确的温度控制,这对一些需要精确控制温度的用户来说，是一个极大的方便。主板上的每个热敏电阻信号输入端都有 2 个 2.54mm 的引脚，4 个热敏电阻信号输入则意味着有一排 8 个引脚。

5. RJ45 以太网接口

Smoothieboard 主板集成了一个 RJ45 以太网接口，该功能取决于用户的需要。当用户需要通过网络来控制 Smoothieboard 主板时，可以通过该接口用网线将 Smoothieboard 接入网络，这样 Smoothieboard 主板将作为一个 Web 服务器供用户使用，用户可以通过网络控制 3D 打印机。

除了上述几种外设，Smoothieboard 主板还集成了一些 3D 打印机经常使用到的其他外设，例如支持 USB 接口，可以直接与主机通信；支持 microSD 卡，可以直接从存储卡中直接读取 3D 模型文件，而不需与计算机通信；支持 6 个限位定挡接口，可以实现打印机部件运动的精确控制等。

5.4　步进电机驱动板

步进电机是一种将电脉冲信号转换为角位移或线位移的感应电机。它的绕组通常为永磁体，当它接收到一个脉冲控制信号时会产生电流，电流流过转子会产生一个矢量场以带动转子旋转一个固定的角度（步距角）。电机的旋转动作也是以这一固定角一步一步运行的，不同的脉冲控制信号会产生不同方向的电流，并形成一个相应的矢量场，从而使转子能够转向不同的方向。它可以通过控制脉冲个数来控制角位移量，达到准确定位的目的，同时可以通过控制脉冲频率来控制电机转动的速度和加速度，达到调速的目的。

大多数 3D 打印机拥有四五个步进电机，其中三四个步进电机用来分别实现在 X、Y、Z 轴上的运动（有时 Z 轴需要两个步进电机控制）。这些步进电机是步进电机驱动板精确操控的，以保证 3D 模型在三个方向上的打印精度。步进电机驱动板是介于系统主板和步进电机的中间控制部件，它从系统主板接收到送往步进电机的脉冲信号（STEP 信号）及方向信号（DIR 信号），并将其转化为步进电机的角位移信号，而后将角位移信号传送至步进电机来支配它完成相应的动作。系统主板脉冲信号的频率和脉冲数决定了“步距角”的大小，它们之间是正比的关系，也就是说步进电机的转速、停止的位置取决于主板的脉冲信号（前提是在非超载的情况下）。步进电机的驱动在 3D 打印机中通常有两种存在方式：一种是作为一个单独的电路部件存在，通过电缆连接至系统主板（每个步进电机都有单独的驱动板控制），另一种是直接内嵌于控制主板中（每个步进电机的驱动至少要有 4 个接口来连接相应的步进电机）。下面针对第一种方式介绍 MakerBot 和 Pololu 的两款步进电机驱动板[6,7]。

5.4.1　MakerBot 步进电机驱动板

MakerBot 公司研发的步进电机驱动板(图 5-6)作为单独的电路部件连接系统主板和步进电机,属于第一种存在方式。MakerBot 步进电机驱动板可以实现步距角的八细分控制。八细分控制就是在固定的步距角范围内(如 1.8°的步距角),电机分八次均匀转动,使得新的步距角只有原来的 1/8。这有助于提高步进分辨率,增加电机运行平稳性,且很大程度上减弱了步进电机的低频振荡,可以提高步进电机运动的均匀度和准确性。

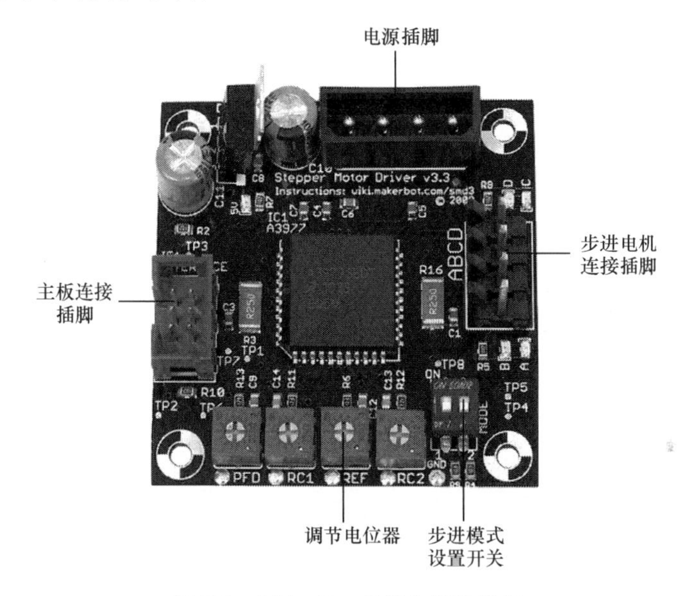

图 5-6　MakerBot 步进电机驱动板

MakerBot 步进电机驱动板的电路如图 5-7 所示,包括接口电路、供电电路和驱动电路等模块。驱动模块对应图 5-6 中的 A3977 芯片,负责将从系统主板接收到的脉冲信号(STEP 信号)及方向信号(DIR 信号)转化为步进电机的角位移信号,驱动步进电机的转动,并且能够进一步实现多种细分模式的驱动。MakerBot 步进电机驱动板输出的最大电流达到 2.5A,输出电压为 8～35V,因此可以匹配更大规格的步进电机以满足不同应用的需求。MakerBot 步进电机驱动板的电源系统是一个标准的 Molex 电源连接器,在任何使用 ATX 电源供应标准的器件中都能找到同样的连接器。

下面介绍 MakerBot 步进电机驱动板的几个重要特性。

1. 输入输出接口

MakerBot 步进电机驱动板的输入接口模块是一个标准的有 100 螺距的 2×3

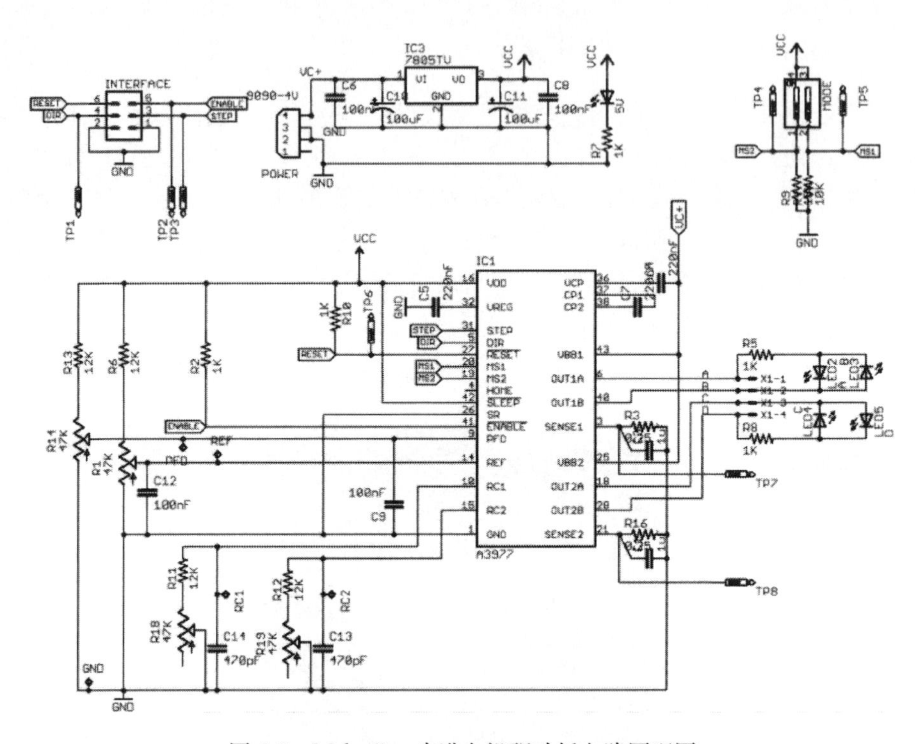

图 5-7　MakerBot 步进电机驱动板电路原理图

接口电路(图 5-8),这样就可以很容易地用丝状电缆将步进电机驱动板连接至系统主板或者自己设计的电路。表 5-6 列出了输入接口的详细功能。

图 5-8　MakerBot 步进电机驱动板的输入接口

表 5-6　MakerBot 步进电机驱动板的输入接口描述

引脚	名称	功能
1	GND	驱动板上的接地引脚
2	GND	同上
3	STEP	步进信号的输入引脚，一个高脉冲信号将触发驱动板在 DIR 指定的方向上驱动步进电机移动一步
4	DIR	方向信号的输入引脚，高电平则步进电机向前移动，反之低电平则向后移动
5	ENABLE	使能信号的输入引脚，低电平有效
6	RESET	复位信号的输入引脚，低电平有效

MakerBot 步进电机驱动板的输出接口（图 5-9）直接连接到步进电机上，将驱动电路产生的电流提供给步进电机。图中输出接口被分成 AB 和 CD 两组，分别连接到步进电机的不同相位。

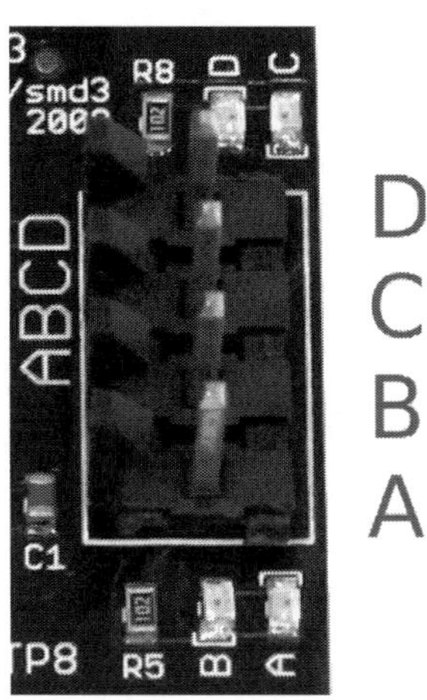

图 5-9　MakerBot 步进电机驱动板输出接口

2. 步进模式

MakerBot 步进电机驱动板中的驱动芯片 A3977 及周围的匹配电路可以形成多种步进模式的配置，支持全步模式、半步模式、1/4 模式和 1/8 模式。除全步模式，其他三种都属于细分模式的驱动。固定步距角为 1.8°的步进电机在全部模式下，电机转子转动一周需要 200 步；半步模式下，转子转动一周需要 400 步；依此类推，1/8 模式则需要 1600 步。显然，在细分模式下步进电机的运行会更加平稳，同时也会有更高的精度。步进模式的设置通过 MS1、MS2 开关的切换实现，MS1、MS2 开关向上表示开，向下表示关（图 5-10）。表 5-7 给出了相应的步进模式设置方法。

图 5-10　步进模式设置开关

表 5-7　步进模式设置方法

步进模式	MS1	MS2
全步模式	关	关
半步模式	开	关
1/4 模式	关	开
1/8 模式	开	开

3. 调节电位器

MakerBot 步进驱动板的 A3977 芯片还有一系列取决于电压或电阻的可调整参数，这些参数对最大允许电流、延迟模式和振荡频率起着决定性的作用，可以通过相应的调节电位器进行调节。REF 参数是最普通的可调参数，REF 电路的电压决定了芯片 A3977 每相输出的最大允许电流，增大它的电位将提升步进电机的功率，反之则减小。PFD(percent fast decay)参数，即快速衰减比，可控制电流衰减模式。RC1/RC2 调节电位器会改变送入驱动芯片的 RC 电路(电阻/电容电路)的电阻值。RC 电路对固定关断时间有着决定性的作用，而固定关断时间决定着用于控制步进电机电流的斩波频率大小。RC1/RC2 参数也会对快速衰减比产生一定的影响。这四个参数的调节电位器如图 5-11 所示。

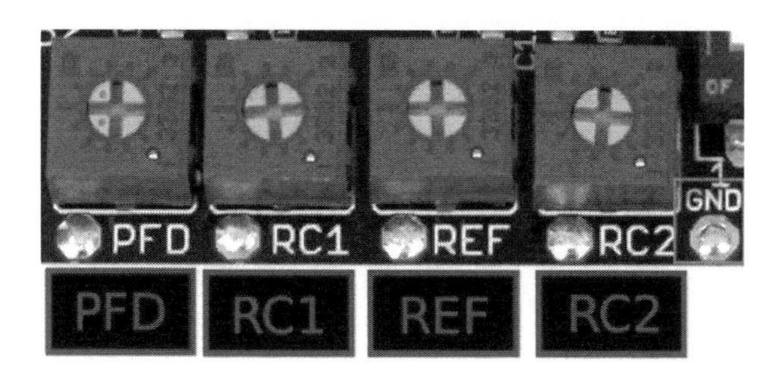

图 5-11　调节电位器

5.4.2　Pololu 步进电机驱动板

Pololu 公司研发的步进电机驱动板(图 5-12)使用带转化器和过流保护的 Allegro DMOS 微步驱动器芯片 A4988。它的输出电压为 8～35V,输出电流可达 2A,可以使用双排插口直接插到系统主板上。Pololu 步进电机驱动板包括:简单的步进和方向控制接口;五种不同的步进驱动方式:全步、半步、1/4、1/8 和 1/16;自适应的电流控制允许用户通过可调旋钮设置更大限度的输出电流,这样可以使步进电机获得更高的速率;斩波控制可以自动选择电流衰减模式(快衰减或慢衰减);有多重内部电路保护:带滞后的过热关机、欠压锁定和交叉电流保护。

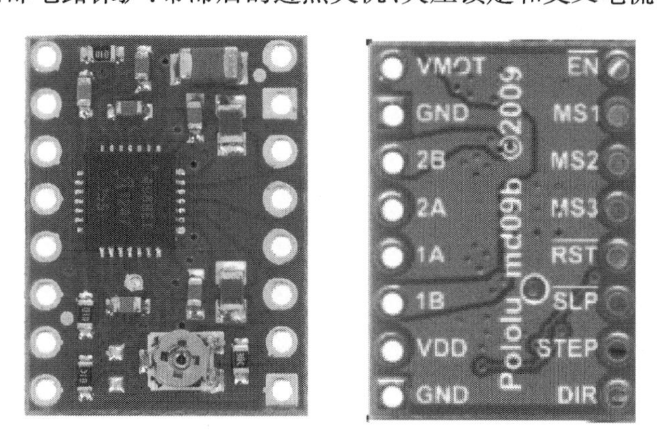

图 5-12　Pololu 步进电机驱动板(正、反面)

Pololu 步进电机驱动板的电路原理如图 5-13 所示。电路图的分布和 MakerBot 步进电机驱动板大致相同,中间是核心的驱动芯片 A4988,外接供电电路和接口电路。Pololu 步进电机驱动板具有五种步进模式,步进模式的切换由 MS1、MS2 和 MS3 三个引脚所接的高低电平来完成的,具体设置方法如表 5-8 所示。

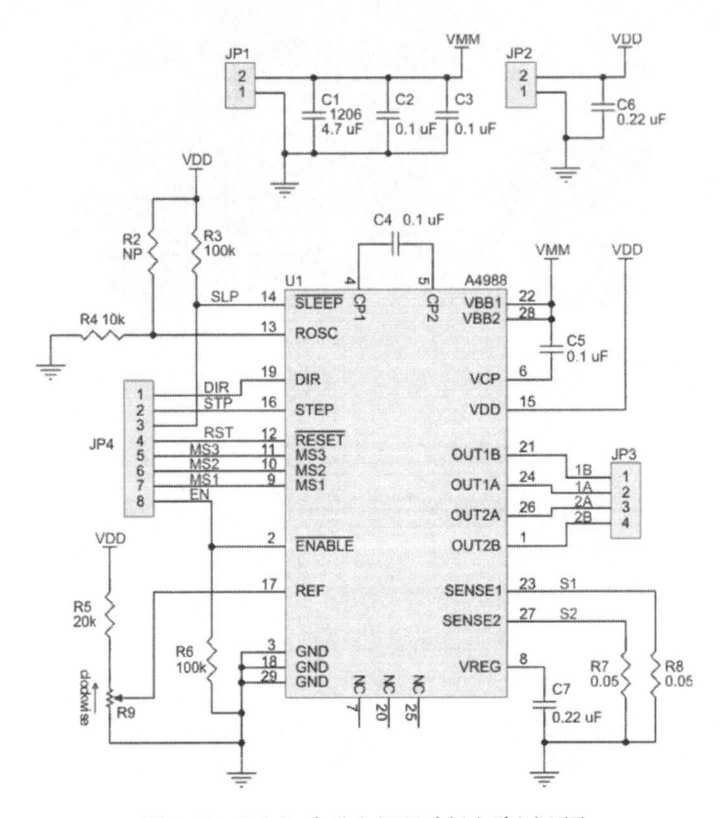

图 5-13　Pololu 步进电机驱动板电路原理图

表 5-8　Pololu 步进电机驱动板的步进模式设置方法

步进模式	MS1	MS2	MS3
全步	低	低	低
半步	高	低	低
1/4	低	高	低
1/8	高	高	低
1/16	高	高	高

Pololu 步进电机驱动板的输入输出引脚也与 MakerBot 步进电机驱动板类似，如 STEP 和 DIR 分别是步进脉冲和方向的控制引脚。另外，Pololu 步进电机驱动板通过 VDD 引脚输入给驱动板提供 3～5.5V 的工作电压，通过 VMOT 引脚提供 8～35V 的步进电机供应电压。正常情况下，它可以驱动四线、六线和八线的步进电机。需要注意的是，在驱动板通电的情况下，不能直接连接或拔掉步进电机(其他的链接器件同样如此)，否则会损坏驱动板。

5.5　挤压头驱动板

5.5.1　挤压头概述

目前的 3D 打印一般采用塑料或树脂作为物料。从物料到产品会经历三个阶段：一是物料塑化，即通过挤压头的加热和混炼，使固态物料变成均匀的黏性流体；二是成型，即在挤压头（图 5-14）挤压部件的作用下，使熔融物料以一定的压力和速度连续地通过成型喷嘴，一层一层地堆积到构建平台上（构建平台有时是加热的）；三是冷却定型，通过不同的冷却方法使熔融物料以获得的形状固定下来，成为所需的塑件。挤压头及其附属装置就是完成这一过程的装置。

挤出机一般分为冷端和热端，冷端负责以合适的速度提供物料，并为喷嘴均匀喷出熔融物料提供压力，热端则负责将物料熔化。冷端包含一个给料螺杆和迫使物料进入热端熔化室的驱动装置。为了保证有足够量的物料进入熔化室并提供合适的压力，冷端必须在高摩擦负载下保持恒定驱动速度的同时提供良好的转矩。驱动装置包含一个提供驱动动力的电机及相应的可调节有效转矩的齿轮组。电机可以是直流电机或步进电机，伺服电机也是一种选择，但目前还很少用到。为了保证物料细丝能够精确地从冷端传送到热端，冷端还必须是刚性的。冷端的制作材料往往选用带聚四氟乙烯衬里的聚醚醚酮树脂或具有不锈钢机械支撑的聚四氟乙烯。除此之外，有的设计还会加入某种形式的冷却装置，如散热片、风扇或水冷系统。

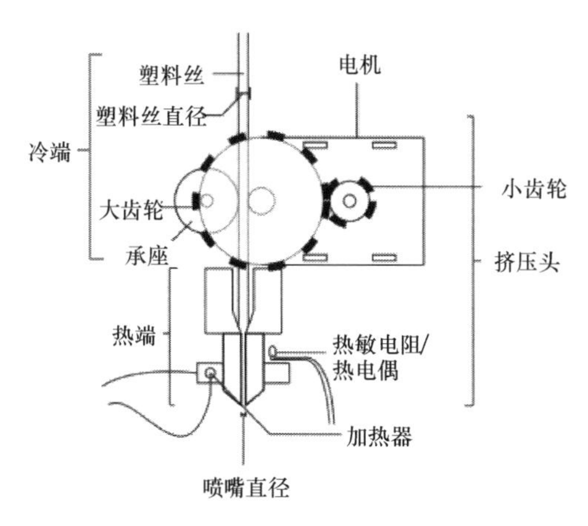

图 5-14　挤压头结构示意图

挤压头的控制包含电机传动控制、温度检测、速度检测、位置检测、加热控制、冷却控制等。要获得高质量的、精确的挤出控制，就必须有挤压头驱动板的协助，其主要作用是控制和调节主辅齿轮的拖动电机，输出符合工艺要求的转速和功率；

检测和调节挤压头中物料的温度、压力、流量;实现对整个机组的控制或自动控制等。下面以 MakerBot 公司的挤压头驱动板[8]为例介绍驱动板各部分的组成,以及相应的功能。

5.5.2　MakerBot 挤压头驱动板

MakerBot 挤压头驱动板(图 5-15)是一个基于 Arduino Diecimila 的紧凑型电路板,包含驱动一台挤压头所需的全部电子设备。下面介绍 MakerBot 挤压头驱动板各个部件组成及功能特性。

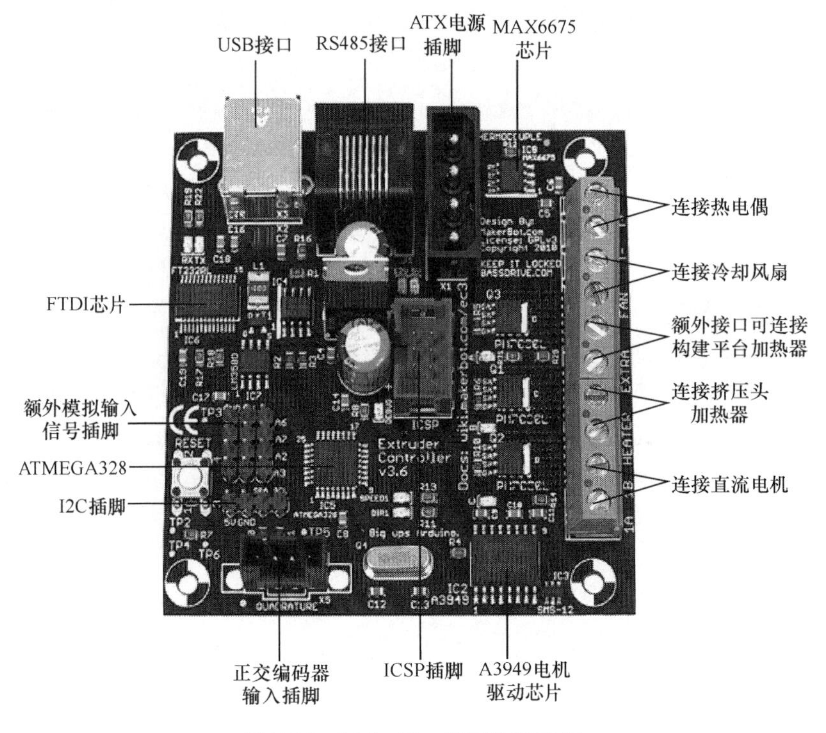

图 5-15　MakerBot 挤压头驱动板

① 搭载 Atmel 公司的 Atmega328 微处理器。Atmega328 微处理器是基于 AVR 增强型 RISC 结构的低功耗 8 位 CMOS 微控制器,可以以 20MHz 的频率提供高达 20MIPS 的吞吐量。该微处理器将作为挤压头驱动板的主控芯片,执行包含驱动直流电机、加热、冷却、温度检测、速度检测、位置检测等所有挤压头控制的固件程序。

② 使用 RS485 串行通信协议实现与 MakerBot 系统主板之间的通信,可以使用现成的 RJ45 电缆将挤压头驱动板连接至系统主板。该 RS485 接口不是以太网端口,不可以将挤压头驱动板连接至路由器或电脑的以太网端口,否则可能会出现

故障。

③ 挤压头驱动板由 ATX 电源的标准 4 针 Molex 连接器供电。这意味着不需要使用 RS485 接口供电，从而可以避免使用 RS485 接口供电带来的噪声副作用。该电源连接器可以提供 12V 电源电压，再在内部转换为 5V 的工作电压以驱动挤压头驱动板的其他电子元件。

④ 搭载 3 个相同的大功率 MOS 管芯片，能轻松提供 10A 电流，可以用来分别控制挤压头加热器、冷却风扇，以及构建平台的加热器。

⑤ 搭载 MAX6675 芯片(K 型热电偶串行模数转换器)，可以使用标准的 K 型热电偶作为主要的温度检测手段。精确的温度检测是保证高质量 3D 打印的关键，与热敏电阻相比，热电偶在高温下具有更高的可靠性和检测准确度，也容易安装。

⑥ 搭载 FTDI 芯片，可以使用标准的 USB 电缆连接计算机，实现对 Atmega328 微处理器的编程。除了 USB 接口，该驱动板还提供一个 ICSP 插口，可以通过 ICSP 电缆对 Atmega328 微处理器进行初始化编程。

⑦ 搭载 A3949 电机驱动芯片，该芯片包含一个 H 桥用来驱动挤压头的直流电机。

⑧ 提供一个 I2C 插口，Atmega328 微处理器可以通过这个接口连接到其他 I2C 设备进行数据通信。

⑨ Atmega328 微处理器还有一些额外的模拟引脚未被使用，该驱动板提供相应的模拟信号输入插口，可以连接到 AD 转换器等模拟设备。

⑩ 该挤压头驱动板还提供可选的正交编码支持，利用正交编码信号输入接口可以实现挤压头电机速度及位置检测。

5.6 限位定挡

在 3D 打印系统中，运动控制始终是一个重要的部分。为了实现一定的打印精度，需要精确控制挤压头在 X、Y、Z 轴三个方向上的运动，因此就需要限位定挡的协助(图 5-16)。所谓限位定挡，就是用来对机械设备的运动极限进行限定的控制开关。当机械运动达到它的运动极限时，限位定挡可以通过内部的机械动作产生运动已达极限的电信号，当负责主控任务的微处理器接收到该信号后，可以做出相应的相应动作。

5.6.1 限位定挡原理

限位定挡的种类繁多，但内部的工作原理大体是一致的。其电路原理图如图 5-17 所示，电路符号如图 5-18 所示。

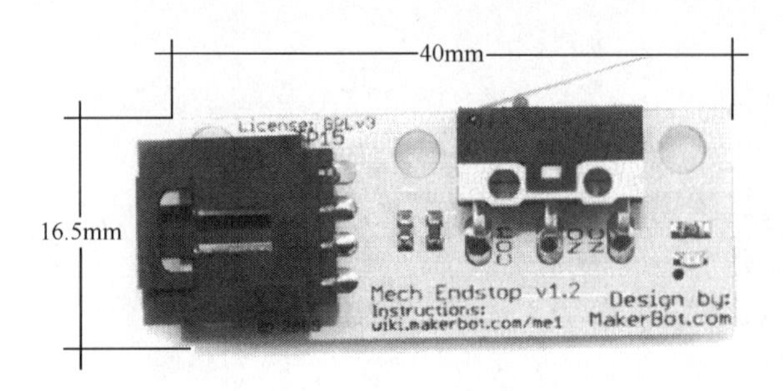

图 5-16　限位定挡

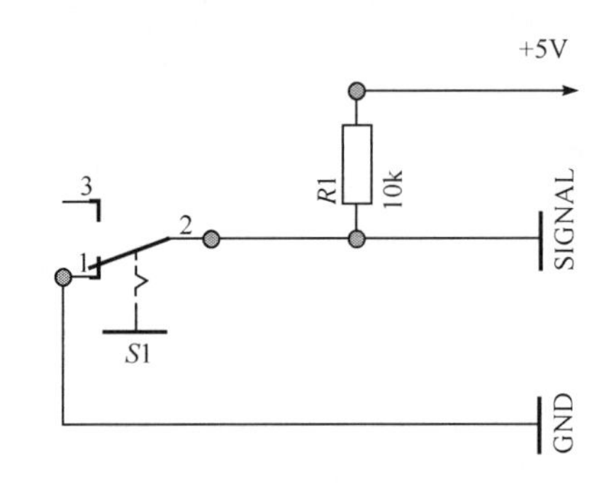

图 5-17　限位定挡原理图

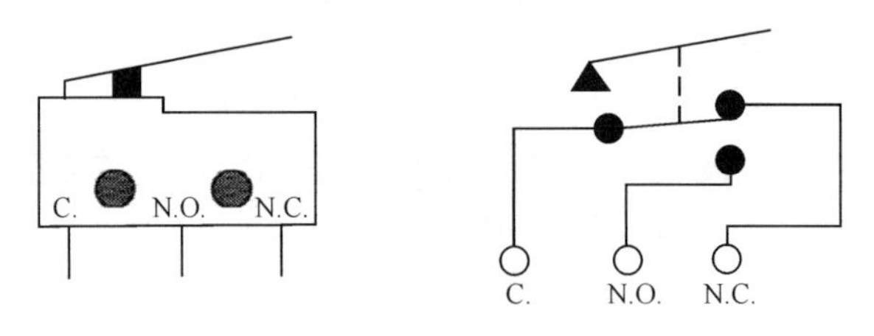

图 5-18　限位定挡的电路符号

在正常工作时，开关 $S1$ 连接 1 端，此时 SIGNAL 端接地，输出为低电平。微处理器可以认为是挤压头的运动还未达到极限，可正常运动。当挤压头达到极限时，挤压头将挤压限位定挡上的挡板，于是开关 $S1$ 被接到 3 端，SIGNAL 端通过电阻 $R1$ 连接到 5V 电源，输出为高电平。微处理器接到高电平信号后，立即作出挤压头运动已达极限的判断，并做出相应的响应动作。在限位定挡的电路符号图中，N. C. 为常闭端，N. O. 为常开端。

在实际应用中，为了提高限位定挡的精度，有些厂商将上述的机械控制开关变为了光开关。将机械开关变为光开关，可以防止机械开关在喷头挤压时因机械碰撞而变形损坏，此外还可以提高 3D 打印机的稳定性。下面介绍一种用光开关来实现的限位定挡模块——RepRap 公司的 Opto Endstop 2. 1[9]。

5.6.2　Opto Endstop 2.1

Opto Endstop 2.1 限位定挡模块中的主要部件就是一个光开关，用来实现上述机械开关的功能，整个模块的电路连接十分简单，如图 5-19 所示。

图 5-19　Opto Endstop 2.1

除了光开关，Opto Endstop 2.1 模块上还集成了一个 RJ45 接口，同时还有一个 LED 信号灯。

(1) RJ45 接口

用户需要知道的是，虽然 Opto Endstop 2.1 模块搭载了 RJ45 接口，但是不支持以太网连接。在本模块中，RJ45 接口只是单纯的一个连接器，负责向微处理器发出挤压头已到达运动极限的电信号。在连接器中，只有几个引脚具有定义。用户如果不需要 RJ45 接口，也可以找其他连接器代替。具体引脚定义如表 5-9 所示。

表 5-9　RJ45 接口的引脚定义

引脚标号	RJ45 电缆颜色	引脚功能
4、5	蓝色、蓝白色	5V 供电
6	绿色	信号线
7、8	棕色、棕/白	地线

(2) LED 信号灯

该信号灯给用户提供直观的视觉信息，以显示限位定挡的开关状态。需要注意开关状态和 LED 灯亮灭之间的关系。开关的输出是一个二进制数，只有 LOW 和 HIGH 两种状态，LOW＝0V/GND，HIGH＝5V，但是实际电路的输出和 LED 的亮灭要看具体使用哪种光开关。RepRap 公司目前用到 H21LOB 和 H21LOI，这两种光开关的特性都是一样的，只是在在开关状态和 LED 亮灭之间的关系不同，如表 5-10 和表 5-11 所示。

表 5-10　H21LOB 光开关特性

状态	输出	LED
开	HIGH	灭
关	LOW	亮

表 5-11　H21LOI 光开关特性

状态	输出	LED
开	LOW	亮
关	HIGH	灭

5.7　3D 打印软件

3D 打印的流程大致如图 5-20 所示，首先根据打印对象的几何特征建立 3D 模型，接下来对 3D 模型进行分层切片处理，转换为一系列二维截面图形，并生成三维打印机的控制指令，最后 3D 打印机根据控制指令逐层沉积成形材料完成打印。

图 5-20　3D 打印流程及软件链

① 3D 建模阶段，CAD 软件被用来建立和修改打印对象的 3D 模型。根据 3D 模型的几何表示方法，CAD 软件可以分成两大类。一类采用体素构造的几何图形(constructive solid geometry，CSG)表示方法。所谓体素是指一些简单的基本几何体在计算机内的表示，如方体、圆柱、圆锥等。复杂的物体可由这些简单的基本几何体经过布尔运算(交、并、差)得到。这些基本几何体及相应的布尔运算可描述为一棵二叉树。树的终端结点为基本几何体，中间结点为正则集合运算。这类 CAD 软件有 PTC Creo、Dassault SolidWorks、AutoDesk Inventor、OpenSCAD、HeeksCAD 等。另一类采用多边形网格来表示物体外轮廓形状，这类 CAD 软件有 AutoDesk 3ds Max、AutoDesk Alias、Google SketchUp 等。大多数 CAD 软件生成的文件都有自己独特的格式，为了方便被分层切片阶段的 CAM 软件处理，3D 建模生成的数据文件都必须转化为 STL 格式文件。

② 分层切片，即将 STL 格式的 3D 模型进行一层一层的切割，转化为一系列二维截面图形，再生成能在 3D 打印机上运行的控制指令文件。分层切片的实质是，根据 3D 打印精度生成一系列与 Z 轴垂直的等高切面，再计算 STL 文件中组成模型轮廓的多边形与切面的交点，生成包含 3D 打印物料沉积区域的轮廓线，最后再根据轮廓线生成 3D 打印机的控制指令。分层切片阶段可以使用的 CAM 工具软件有 Slic3r、RepSnapper、RepRap Host Software、X2sw、SuperSkein、Cura、Skeinforge、SliceCloud 等。

③ 当 3D 打印机接受到主机发送的 g-code 文件，运行于主控芯片中的固件程序将逐行读入 g-code 文件，并进行解码生成控制 3D 打印机上各个电子设备的电信号。这类控制 3D 打印的固件程序作为主控芯片上的底层软件，不存在通用的版本，而是随系统主板硬件配置的不同而不同。目前广泛使用的 Arduino 核心板的固件程序则是基于开源平台 Arduino IDE 开发的。固件程序编译成功后必须通过 USB 电缆等通信手段下载到系统主板。

在上述三个阶段的软件中，CAD 软件可以作为独立的应用软件安装使用，而 CAM 软件及固件软件则与具体型号的 3D 打印机对应，往往被集成在 3D 打印机的主机软件中。除此之外，主机软件还包括 3D 打印机的初始化、打印机状态显示、g-code 文件传送、固件加载等功能。例如，ReplicatorG 是 RepRap 项目中被广泛使用的开源 3D 打印主机软件，其中 Skeinforge 软件作为 ReplicatorG 上的一个插件，负责进行分层切片处理及 g-code 文件的生成，ReplicatorG 还内建了一个固件程序加载器，用来将固件程序下载至系统主板。除了 ReplicatorG，目前 3D 打印主机软件还有 MakerBot MakerWare、ModelWizard、Netfabb 等。下面介绍 ReplicatorG[10] 和 MakerBot MakerWare[11] 的安装及使用，最后对固件程序开发平台 Arduino IDE[12] 进行简单介绍。

5.7.1 ReplicatorG

ReplicatorG 是基于 Arduino 核心板的开源 3D 打印软件，可支持 MakerBot Replicator、Thing-O-Matic、CupCake CNC、RepRap 等 3D 打印机或其他基于 Arduino 核心板的数控设备。

1. ReplicatorG 的安装

ReplicatorG 是免费开源软件，根据操作系统存在三种版本（Mac、Linux、Windows）。下载对应版本的 ReplicatorG 后，点击安装程序，即可依照相应提示完成安装。

2. ReplicatorG 的设置

如图 5-21 所示，第一次使用 ReplicatorG 时，需要通过选择菜单“Machine/Machine Type Driver ”设置相应的 3D 打印机类型。

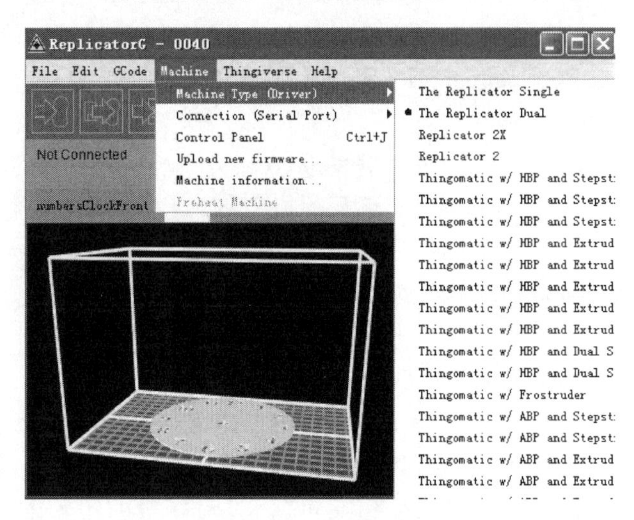

图 5-21　ReplicatorG 配置界面

如果主机与 3D 打印机之间通过串口(类似 USB-TTL 电缆)进行连接，那么还需要在菜单“Machine/Connection/Serial Port”中设置相应的串口。平台不同，串口的命名也不同。在大多数平台上，一般选择包含“usb”字样的串口选项。如果是在 Windows 平台，则需要选择最高编号的 COM 端口。

选定相应的串口后，在顶部工具栏最右侧点击“Connect”按钮，ReplicatorG 开始与 3D 打印机进行连接。若连接成功，橙色栏会变成绿色，若连接失败，则会在 15 秒后提示超时。

图 5-22 给出了 ReplicatorG 的界面按钮，1. 通过 USB 电缆进行打印；2. 从 SD 卡选择文件进行打印；3. 将 g-code 文件转换为 s3g 文件并保存；4. 打开一个 g-code 文件生成窗口；5. 暂停打印；6. 终止打印；7. 打开控制面板，控制机器的不同部件；8. 重启；9. 进行连接；10. 断开连接。

图 5-22　ReplicatorG 的界面按钮

3. 固件下载

ReplicatorG 有一个内建固件加载器，可用于固件下载及升级。

① 在 ReplicatorG 界面按钮中点击断开连接按钮，并在菜单“Machine/Connection/Serial Port”下查看 ReplicatorG 连接的是哪个端口（图 5-23），并记录该端口。

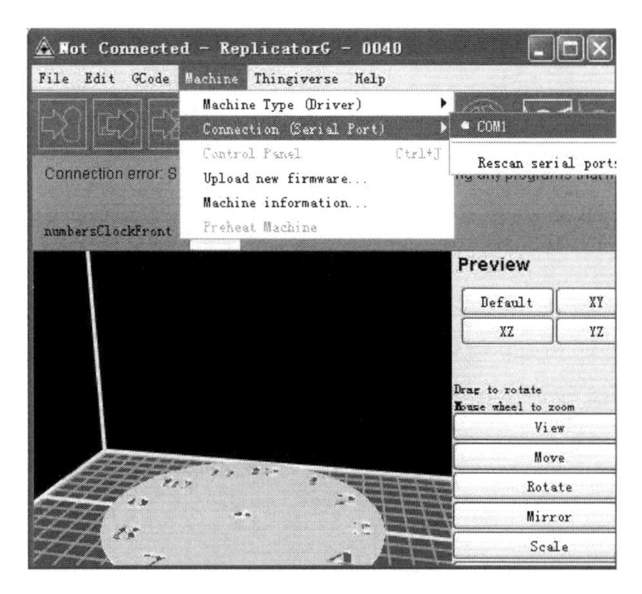

图 5-23　查看连接端口

② 在菜单“Machine/Upload new firmware…”下选择相应的机器类型（图 5-24），点击“Next”按键。

③ 选择最新的固件版本进行升级，并选择之前记录的端口型号。这时会出现一个“Upload”的选项，点击它，并按下 3D 打印机上的复位键，最后界面会出现一个固件成功升级的提示信息。

4. ReplicatorG 的使用

ReplicatorG 打印 3D 模型的流程主要分为准备模型、操作模型和打印模型。

(1) 准备模型

通过“File/Open”选项打开打印对象的 STL 文件，ReplicatorG 窗口的左下角会显示对应的 3D 模型。如图 5-25 所示，左下角的立体盒子代表的是机器构建的空间大小，可以通过这个来判断打印对象的最终大小，以及机器能否打印。

图 5-24　选择机器类型

(2) 操作模型

通过滑动鼠标来缩小或放大 3D 模型的大小,也可以通过按住鼠标左键来拖动 3D 模型进行旋转。在默认情况下,上述对 3D 模型的修改是在原有模型上直接修改并保存,因此建议修改前先保存一个原来模型的副本。

如果对模型满意,则可以略过此步骤直接跳到下一步骤。

Scale:如果想把图 5-25 中时钟变小,首先点击右侧的“XY”,从上面查看钟的大小,然后点击右下角的“Scale”,可以直接输入缩放比例大小或者直接用鼠标点击并拖动模型进行缩放,或者选择“Fill Build Space”使模型缩放到机器能打印的最大尺寸。

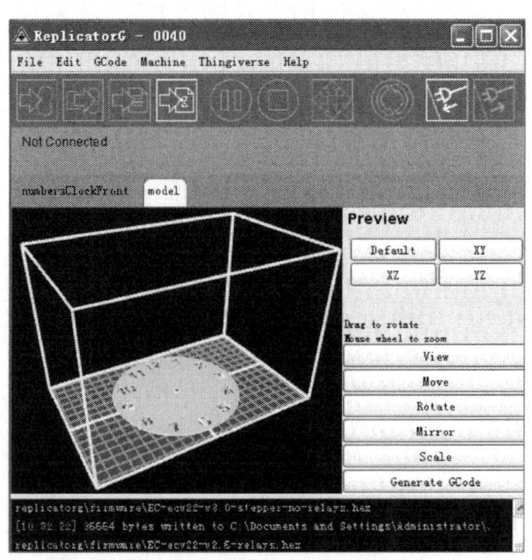

图 5-25　读入 3D 模型的 STL 文件

Rotate：可以通过选择“Rotate”使模型围绕 X、Y 或者 Z 轴进行旋转，使模型全部包含于构筑空间内。选择“Lay flat”使模型的旋转最接近于平台的方向。

Move：如果旋转后的模型没有位于平台的中心或者有一部分在平台下，即模型与平台在 Z 轴上成一定角度并“戳破”平台底部，可以通过选择“Move”进入移动视图，单击“Center”和“Put on platform”按钮可以使模型位于平台中心，并全部置于平台之上，也可以通过轴键按照相应的增量来移动模型使其全部位于平台之上的中心位置。

(3) 打印模型

选择菜单栏的“File/Save”选项来保存修改，点击顶部工具栏中 g-code 生成按钮，会打开 g-code 生成插件 Skeinforge 的窗口(图 5-26)。在 Skeinforge 窗口下拉菜单中设置材料的设置选项，或者手动改变一些设置，最后点击“Generate Gcode”按钮即可生成 g-code 文件。当生成完成后，对话框将消失并在主窗口出现一个“gcode”选项卡。

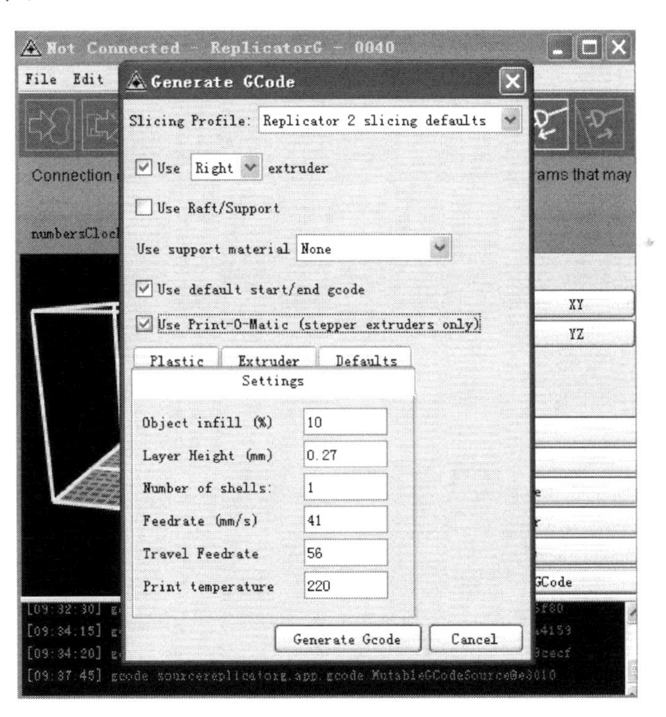

图 5-26　g-code 生成窗口

最后，点击顶部工具栏中第一个按钮，即可传送文件至 3D 打印机打印。

如图 5-26 所示，在 g-code 生成窗口里有一个“Use Print-O-Matic(stepper extruders only)”的选项，Print-O-Matic 可根据已选设置档案提供一定设置选项的修

改。在“Setting”选项中,“Object infill”表示物体填充密度,100%填充密度将使打印出的物体内部是实心的,0%则表示物体内部是空的;“Layer Heights”表示分层高度,取决于打印精度;“Number of shells”表示外壳结构的层数量;“Feedrate”表示有物料挤出时挤压头的移动速率;“Travel Feedrate”表示没有物料挤出时挤压头的移动速率,一般情况下默认值表现良好,当然也可以尝试将其设置成较低一点的值;“Print temperature”表示打印温度。打印对象的稳固度取决于“Object infill”和“Number of shells” 的设置,而打印质量则取决于“Layer Heights”和“Feedrate”的设置。

5.7.2 MakerBot MakerWare

MakerBot MakerWare 是由 MakerBot 公司针对 MakerBot Replicator 2 台式 3D 打印机推出的一款 3D 打印机主机软件,对应的操作系统有 Windows(XP/7)、Linux(Ubuntu 10.04+)、Mac OS X(10.7/10.8)三个版本。

1. MakerWare 的获取及安装

MakerBot MakerWare 的界面如图 5-27 所示。

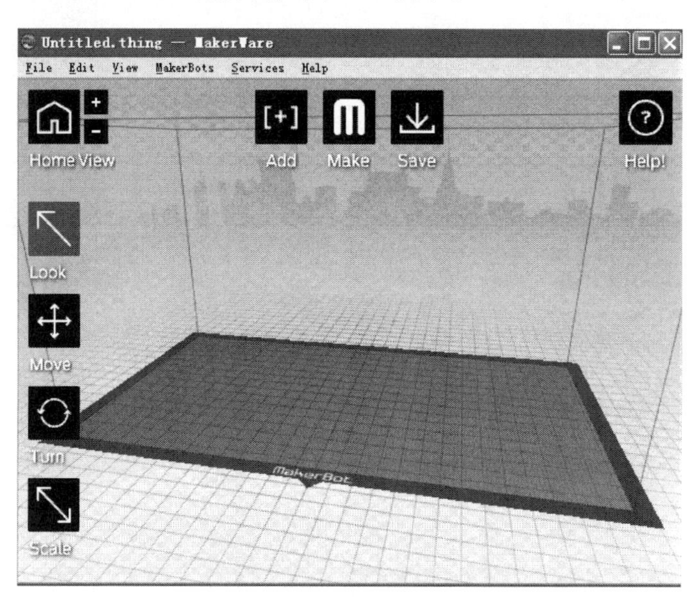

图 5-27　MakerBot MakerWare 的窗口界面

2. MakerWare 的使用

使用 MakerWare 进行 3D 打印同样分为准备模型、操作模型、打印模型。

(1) 准备模型

通过菜单"File/Open"即可选择并读入打印对象的 STL 文件,文件读入后,打印对象的 3D 模型显示在视窗内。

(2) 操作模型

与 ReplicatorG 一样,MakerWare 可以在打印前对模型进行修改,以下介绍与之相关的选项或按键。

Camera Home:将模型对象查看窗口设置为默认视角。

+/-:放大和缩小,也可以通过滚动鼠标来进行放大和缩小。

Look:进入观察模式,可按住鼠标进行拖动、旋转打印床及 3D 模型,或可使用 Change View(改变视角)子菜单进行俯视、侧视和正视等操作。

Move:按住鼠标进行拖动可移动打印床上的模型对象,或可使用 Change Position(改变位置)子菜单按一定参数移动模型对象。

Turn:转动模型对象,或者使用 Change Position(改变位置)子菜单,按照一定角度旋转模型对象。选中 Turn 功能按钮单击鼠标右键并拖拽鼠标,可旋转查看视角。

Scale:对模型对象进行缩放操作,也可以选择 Change Dimendions(改变体积)子菜单,手动改变模型对象的体积。

Add:用于把另一个模型文件加入打印床,然后把两个模型对象合并,保存成一个文件,文件后缀为 . thing。

Save:将当前模型对象的显示效果保存到一个文件中。

3. 打印模型

连接到 3D 打印机,点击"Make It"按键即可进入打印对话框,完成打印设置后即可进行 3D 打印。

Make With:在下拉菜单中选择 3D 打印机,如果 3D 打印机已经被连接到计算机,它会自动被选中。

Material:选择所用打印材料。

Quality:设置打印精度。

Raft:如果想要在垫子上打印模型,那么勾选这个复选框。如果构建平台不够水平的话,垫子可以提供底部支撑,辅助打印件黏附在打印床上。打印完成后,可移除垫子。

Support:如果想要在悬空部位打印支撑材料,那么勾选这个复选框。打印完成后,可轻松移除支撑材料。

Export(to File):导出并保存至文件。

Cancle:取消操作。

Make It：将文件传送到打印机进行打印。

5.7.3 Arduino IDE

Arduino是一个基于开放源代码的软硬体平台，包含硬件(各种型号的Arduino开发板)和固件程序开发软件(Arduino IDE)。Arduino IDE是免费和开源的，可支持Windows、Mac OS和Linux操作系统。

Arduino语言建立在C/C++基础上，内部已经预先将与AVR微处理器相关的寄存器参数设置函数化，固件开发人员即使不了解AVR微处理器的底层硬件也能轻松上手。用Arduino语言编写的程序称为Sketch(草图)，扩展名为.ino。Arduino代码包含结构、值(常量和变量)和功能。

Arduino开发环境Arduino IDE类似C语言开发环境。如图5-28所示，Arduino IDE包含一个编辑代码的文档编辑器、消息区、文本控制台、包含常用功能按钮的工具栏，以及一系列的菜单。Sketch(草图)在文本编辑器中输入或编辑。文本编辑器具有剪切、粘贴、搜索，以及替换等功能。消息区给出编译、输出、存储时的反馈信息。控制台显示Arduino环境的文字输出，包括完整的错误信息和其他信息。窗口右侧底部显示当前主板及通信串口。工具栏按钮允许开发人员创建、打开和保存Sketch(草图)，以及验证、上传程序，并打开串口监视器。

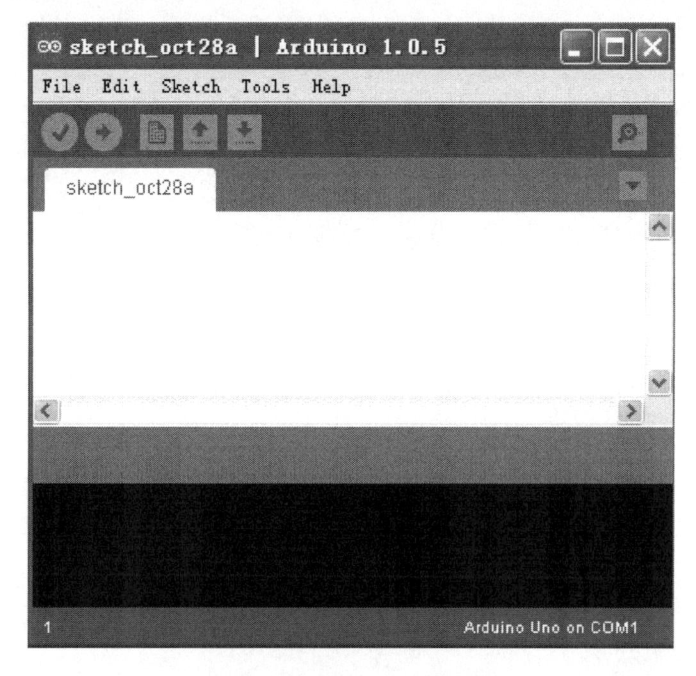

图5-28 Arduino1.0.5软件界面

固件程序在编译完成后即可上载至 Arduino 开发板执行，但上载前首先要设置正确的串行端口。一般来说，Mac 机器要选择类似于/dev/tty. usbmodem241，或者/dev/tty. usbserial-1B1，或者/dev/tty. USA19QW1b1P1. 1。Windows 机器要选择的串行端口可能是 COM1 或者 COM2，或者是 COM4、COM5、COM7，或者更高的端口。Linux 机器要选择的串行端口应该是类似于/dev/ttyUSB0，或者/dev/ttyUSB1。

一旦选择正确的串行端口和电路板，在工具栏里点击"Upload"按钮，或者在"File"菜单栏中选择上载程序。Arduino 板将自动复位，并开始上载固件程序。上载完成后将会显示一条上载成功或者错误的信息。上载程序时，Arduino IDE 将会自动将引导程序(BootLoader)加载到 Arduino 开发板上的微处理器。Arduino 开发板复位后，微处理器首先执行引导程序进行初始化，初始化完成后才会开始固件程序的执行。

5.8 小　　结

本章介绍 3D 打印机的控制系统组成，并逐一介绍打印机的芯片主板、步进电机驱动板、挤压头驱动板的原理和结构，让用户深刻理解这些硬件的工作原理。其次，还介绍 3D 打印软件处理过程中的原理，以及软件的安装和使用。

参考文献

[1] Fu Y, Feng Q X. Control system for 3D printer based on DSP. Journal of Mechanical & Electrical Engineering, 2014, 32(2): 217-221.

[2] 刘薇娜，郭遵站，杨立峰. 3D 打印机控制系统的开发. 机械工程师，2014，12：116-118.

[3] 叶东东，汪焰恩，魏生民. 三维打印机控制系统设计与精度分析. 工具技术，2014，48(2)：38-43.

[4] 罗晋，叶春生，黄树槐. FDM 系统的重要工艺参数及其控制技术研究. 锻压装备与制造技术，2005，6：77-80.

[5] 王瑞玲. 对 3D 打印机喷头 XYZ 三个方向位置控制的优化设计探究. 电子测试，2014，2：1-2.

[6] Angadis S V, Kumari B S. A novel digital controller for microstepping stepper motor drive using FPGA for solar array drive assembly in satellites-a comparison with alternative schemes//International Conference on Advances in Computing, 2013.

[7] Thulasiraman N K, Haider A F. A reconfigurable wireless stepper motor controller based on FPGA implementation. Industry Electronics & Applications, 2010: 858-890.

[8] Yang M D, Zhu M. A research of a new technique on hardware implementation of control algorithm of high-subdivision for stepper motor. Industry Electronics & Applications, 2010: 115-120.

[9] 王邦继,刘庆想,周磊,等.步进电机速度曲线的设计与FPGA实现.微电机,2012,45(8):67-71.

[10] 仝建,龙伟,李蒙,等.高精度高可靠步进电机控制系统的设计及应用.电子技术应用,2013,39(12):41-44.

[11] 紫文才,何邦贵,紫振钦.基于FPGA的步进电机优化控制.现代电子技术,2013,36(23):142-144.

[12] 姜圣广,张卫东.基于FPGA的步进电机PWM发生器设计.电气传动,2014,44(2):47-50.

第6章　3D打印机的种类

3D打印机就是利用打印机的原理,一层一层把东西打印出来的。制造这些产品,可以是各种各样的复合材料,也可以是金属,这就是3D打印机,或者说是第三次工业革命最具标志性的一个生产工具。现在有更大的工业3D打印机,计算机设计出产品,机器就可以把它生产出来,甚至有人在构想和设计怎么把一栋楼打出来,这是一种革命性的制造。3D打印机主要分为工业级打印机和桌面级打印机。

6.1　工业级3D打印机

6.1.1　工业级3D打印机市场现状

目前专业的工业级3D打印机基本是国外进口机器的天下,但是因为设备和耗材价格高昂,一直难以被小微企业接受。国内有多家上市公司号称已经研发出立体打印机,但是一直只闻楼梯响,不见人下来。这类企业也一直定位于研发工业级机器。

我国在许多关键领域已经掌握了世界先进的技术,并且在航空航天、军工产业等方面已经应用。对于金属材料打印机商业化运用,国内几家从事3D打印机设计生产的企业准备正式投产,但是步伐同欧美国家相比,已经落后很多了,而且国内的3D打印材料基本上都是进口。在金属3D打印机设计制造上,国内3D打印机技术还不够成熟。

在塑料建模3D打印机方面,美国3D Systems和Stratasys两家公司已经处于行业绝对垄断地位,而金属材料打印机,德国Concept Laser GMBH则是这个领域的权威。与国内同行业相比,不仅表现在产品质量(打印精度、材料选择范围、产品使用寿命等)方面,还有软服务,如为客户提供在线服务社区、原材料供应等方面。

我国在工业新产品设计,试制及快速打印成型;创意产品和玩具模型克隆;医疗行业人体器官;医疗器械打印;建筑模型制作;教育、科研、军事等领域,已经开始使用3D打印机。目前已经涌现出一大批3D打印设备的生产服务厂商,在国家政策的扶持下,中国有望成为全球最大的3D打印国家。

6.1.2 国外工业级3D打印机生产厂家及主要产品

国内3D打印机生产服务厂家还处于塑料材料打印机和个人桌面级3D打印机的设计制造阶段，主要定位于个人桌面级3D打印机的生产研发。国内3D打印市场还处于萌芽阶段，而国外3D打印市场已经进入到完全的商业化运作阶段。尽管国内和国外3D打印机的差价在几千美元到几万美元不等，但更多的商家和客户更愿意将目光投向国外品牌的3D打印设备上。

1. 美国 Stratasys

在工程塑料建模领域，Stratasys公司与美国3D Systems公司平分秋色，经过一系列资本整合，推出Mojo、Uprint系列的桌面级3D打印机。在工业建模方面，公司推出Dimension、Fortus系列的产品，目前公开向市场发布的产品型号已经达到20余种，针对其每款产品，公司研发了专用的ABS打印材料和专用的钢性透明材料、钢性不透明材料等，如表6-1所示。

表6-1 Stratasys 3D打印机

产品型号	产品展示	打印材料	打印规格	产品尺寸	市场报价
Mojo桌面3D打印机		ABSplus热塑塑料	127mm * 127mm * 127mm	335mm * 335mm * 335mm	￥:670 000
Uprint桌面3D打印机		ABSplus热塑塑料	203mm * 203mm * 152mm	635mm * 660mm * 787mm	￥:850 000
Dimension 1200es		ABSplus热塑塑料	254mm * 254mm * 305mm	838mm * 737mm * 1143mm	￥:980 000

续表

产品型号	产品展示	打印材料	打印规格	产品尺寸	市场报价
Fortus 900mc		特制尼龙丝材	914mm * 610mm * 914mm	2772mm * 1683mm * 2281mm	¥: 1 890 000
Dimension Elite		ABSplus 热塑塑料	203mm * 203mm * 305mm	686mm * 914mm * 1041mm	¥:520 000
Objet24		特制刚性不透明材料	294mm * 192mm * 148.6mm	322.8mm * 244mm * 232.2mm	¥:480 000
Objet30 Pro		特制刚性透明材料	294mm * 192mm * 148.6mm	322.8mm * 244mm * 232.2mm	¥:680 000
Objet Eden500V		特制刚性透明材料、聚丙烯、橡胶材料等	500mm * 400mm * 200mm	1320mm * 990mm * 1200mm	¥:400 000
Objet260 Connex		特制刚性透明材料、聚丙烯、橡胶材料等	260mm * 260mm * 200mm	870mm * 735mm * 1200mm	

续表

产品型号	产品展示	打印材料	打印规格	产品尺寸	市场报价
Objet350 Connex		特制刚性透明材料、聚丙烯、橡胶材料等	350mm * 350mm * 200mm	1320mm * 990mm * 1200mm	
Objet500 Connex		特制刚性透明材料、聚丙烯、橡胶材料等	500mm * 400mm * 200mm	1320mm * 990mm * 1200mm	
Objet 1000		特制刚性不透明材料、聚丙烯、橡胶材料、特制高温材料等 14 种材料	1000mm * 800mm * 500mm	2800mm * 1800mm * 1800mm	
Objet Eden260V		特制刚性不透明材料、聚丙烯、橡胶材料、特制高温材料等	260mm * 260mm * 200mm	870mm * 735mm * 1200mm	

2. 美国 3D Systems

该公司提供高级别的 ProJet 和 ZPrinter 系列打印机和打印耗材，还开发了类似于苹果公司 itunes 的预先制作的应用程序在网上供客户无偿使用，让客户使用公司的软件免费绘制设计图，如表 6-2 所示。

表 6-2　3D Systems 3D 打印机

产品型号	产品展示	打印材料	打印规格	产品尺寸	市场报价
ProJet DP 系列		VisiJet Dentcast	298mm * 185mm * 203mm	749mm * 1207mm * 1543mm	￥:800 000
ProJet HD 系列		Crystal Techplast Procast	298mm * 185mm * 203mm	737mm * 1257mm * 1504mm	￥:800 000
ProJet MP 系列	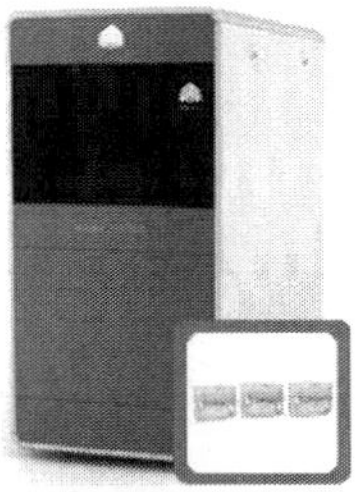	VisiJet Stone-plast	298mm * 185mm * 203mm	749mm * 1207mm * 1543mm	￥:800 000
ProJet CPX 系列	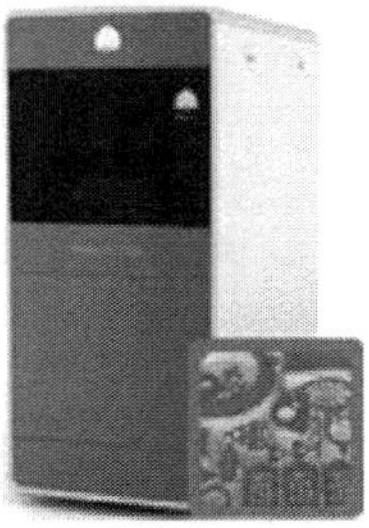	VisiJet Hi-cast	298mm * 185mm * 203mm	737mm * 1257mm * 1504mm	￥:800 000
ZPrinter 450		高性能复合材料	203mm * 254mm * 203mm	1220mm * 790mm * 1400mm	￥:800 000

3. 德国 envisontec

公司成立于2002年，总部位于德国马尔，在德国格拉德贝克和北美迪尔伯恩设有研发中心，致力于光敏树脂材料和热塑橡胶材料的研发和相关系列打印机产品的设计制造。在采用光固化成型方面，公司积累了大量经验，掌握有绝大部分核心技术。同时，公司还设计研发了与自己3D打印机配套的三维扫描仪，主要用于逆向建模，能够快速将扫描到的散点数据转化为网格数据，并为3D打印机直接识别，真正满足快速成型对设计速度的要求。

该公司3D打印机型号主要有AURES、Perfactory、Ultra系列7款机型，如表6-3所示。

表6-3　德国 envisontec 3D打印机

产品型号	产品展示	打印材料	打印规格	产品尺寸	市场报价
AUREUS		热塑橡胶	60mm * 45mm * 100mm	450mm * 780mm * 450mm	
Perfactory Micro		光敏树脂	40mm * 30mm * 100mm	230mm * 180mm * 580mm	
Perfactory ® 4 Mini with ERM		光敏树脂	37mm * 23mm * 230mm	730mm * 480mm * 1350mm	
Perfactory Xtreme		光敏树脂	368mm * 229mm * 356mm	2560mm * 3200mm * 1600mm	

续表

产品型号	产品展示	打印材料	打印规格	产品尺寸	市场报价
Ultra& Ultra2		光敏树脂	267mm * 165mm * 203mm		
Ultra2 dental		光敏树脂	241mm * 140mm * 203mm	740mm * 760mm * 1170mm	
Perfactory ® 4 Standard XL with ERM		光敏树脂	192mm * 120mm * 160mm	730mm * 480mm * 1350mm	

4. 德国 Concept Laser GMBH

该公司是德国 Hofmann Innovation GMBH 集团的一个独立成员。该公司一直被视为最具前景的金属激光熔铸领域先锋，也是该领域顶级的供应商。公司运用 Lasercusing 金属激光标准机型的设备，为客户提供综合服务和快速成型解决方案。

2012 年 11 月，Concept Laser 发布 MLAB cusing R 金属 3D 打印机，扩展了以前的材料，包括钛和钛合金。金属材料打印机不仅使精致的牙科产品制造和医疗植入物，以及钛制成的医疗器械成本更低，而且使得 3D 打印机广泛运用到模具、汽车、航空航天、珠宝制造等行业完全成为可能。这也导致当前世界各国有意于涉足金属材料 3D 打印机行业的客户和厂家都对这家公司的产品产生了浓厚的兴趣。即便这些设备价格昂贵，但仍然有相当多的客户对其有浓厚的兴趣。该公司的主要打印机型如表 6-4 所示。

表 6-4 德国 Concept Laser GMBH 3D 打印机

产品展示	打印材料	打印规格	产品尺寸	市场报价
	钴铬合金粉 不锈钢粉 18 克拉黄金粉	50mm * 70mm * 90mm	995mm * 705mm * 1883mm	
	不锈钢粉 银合金(930 纯度) 铜钴铬合金 钛合金 18K 金银铜合金	50mm * 70mm * 90mm	955mm * 705mm * 1883mm	
	铝合金 钛合金 镍基合金	630mm * 400mm * 500mm	4415mm * 3070mm * 3900mm	
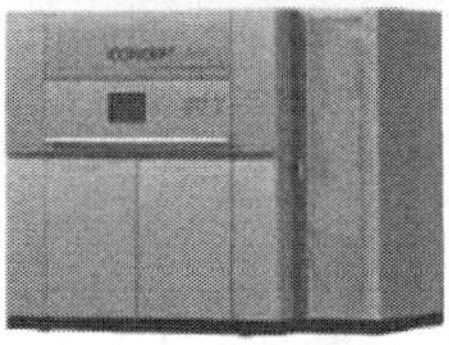	不锈钢 热作钢 镍基合金 钴铬合金	300mm * 350mm * 300mm	1220mm * 705mm * 1848mm	
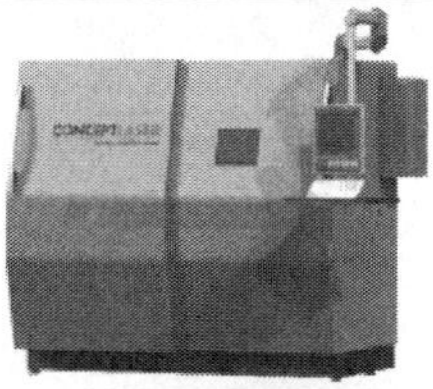	不锈钢 钛合金 热作钢 钛钴铬铸造合金 不锈钢热作钢	250mm * 250mm * 280mm	2440mm * 1630mm * 2354mm	
	不锈钢 热作钢 镍合金 钴铬铸造合金	250mm * 250mm * 250mm	2362mm * 1535mm * 2308mm	

5. 德国 EOS GMBH

EOS 成立于 1989 年，总部设在德国 Krailling(位于慕尼黑附近)，是设计导向集成 e-Manufacturing(增材制造或工业三维打印)解决方案的市场和技术领导者。EOS 提供包括系统、软件、材料，以及材料开发和服务(维护、培训、特定应用咨询和支持)在内的模块化解决方案组合。作为一种工业制造工艺，增材制造技术能够基于三维 CAD 数据以可重复的行业质量水平快速、灵活地制造高端零件。作为一种颠覆性技术，它为产品设计和制造领域的模式转变铺平了道路，加快了产品开发、提供更大的设计自由度，优化零件结构，并且实现了晶格结构和功能整合，为客户创造了显著的竞争优势。

2013 年 9 月 24 日，EOS 在上海成立中国总部和技术中心，开启其向中国市场进军的步伐。其 EOS M280 型 3D 打印机可以加工的金属材料有不锈钢、钛合金、铝合金等 14 种金属材料，在金属材料 3D 打印机领域可以算得上是相当成熟的一款产品。该公司主要打印机型如表 6-5 所示。

表 6-5　德国 EOS GMBH 3D 打印机

产品展示	打印材料	打印规格	产品尺寸	市场报价
	不锈钢 钴铬钼合金 模具钢 钛合金 纯钛 镍基合金 铝合金	250mm * 250mm * 325mm	2000mm * 1050mm * 1940mm	
	PA2200、PrimePart PA2210FR 阻燃尼龙 PA3200GF Alumide PrimeCast 101	200mm * 250mm * 330mm	1320mm * 1067mm * 2204mm	
	尼龙 铸造用聚丙乙烯 尼龙+铝粉 尼龙+玻璃纤维 尼龙+碳纤维	340mm * 340mm * 620mm	1840mm * 1175mm * 2100mm	

续表

产品展示	打印材料	打印规格	产品尺寸	市场报价
	尼龙 铸造用聚丙乙烯 尼龙+铝粉 尼龙+玻璃纤维 尼龙+碳纤维	700mm * 380mm * 580mm	2250mm * 1550mm * 2100mm	
	尼龙 铸造用聚丙乙烯 尼龙+铝粉 尼龙+玻璃纤维 尼龙+碳纤维	700mm * 380mm * 580mm	2250mm * 1550mm * 2100mm	
	只能使用 PEEK 专用材料	730mm * 380mm * 580mm	2250mm * 1550mm * 2100mm	
	陶瓷砂　石英砂	720mm * 380mm * 380mm	1420mm * 1400mm * 2150mm	

6.1.3 工业级 3D 打印机对材料的要求

不同的成型技术,对材料的要求也不相同。例如,SLA 光固化主要是采用光敏树脂材料,FDM 工艺则以 ABS 材料为原料,SLS 主要是尼龙材料等。这里提到的都不是普通的材料,而是根据特定成型原理,专门制作出来的。传统的打印机,打印材料为墨粉,材料基本上是统一的,只有墨盒和机型形状款式上的差别,而 3D 打印机行业则不同,打印材料种类偏多,目前能统计到的就有 14 大类,100 多种不同的材料。由于对成型产品打印精度的要求不同,就激光烧结成型的 3D 打印设备而言,材料粉末颗粒的大小直接影响产品的质量,粉末直径根据不同设备的要求,取值范围在 1～20μm 不等,有的要求甚至更高。

除此之外,3D 打印机材料还包括支撑材料,因为使用 3D 打印机打印成型的产品都是粘贴在打印平台的底座上面的,如果直接用成型材料打印,很可能会导致成品在取下打印底座之后变形或者受到损伤。3D 打印机对支撑材料的要求很高，要求能够与成型材料较好分离，如能够水溶、高温熔化等。

6.1.4　工业级 3D 打印技术发展及前景

1. 萌芽期

3D 打印可以追溯到 20 世纪 80 年代，发端于美国军方的快速成型技术，学名增材制造，是通过电脑创建的三维设计图将材料分层“打印”叠加，最终整体成型。3D 打印省去了冗长而昂贵的模具制造过程，直接受控于电脑三维设计图形，能够制造出传统方法无法企及的形状。

成立于 1990 年的美国 Stratasys 公司率先推出基于 FDM 技术的快速成型机，并很快发布基于 FDM 的 Dimension 系列 3D 打印机。

2. 成长期

2011 年 9 月，德国弗劳恩霍夫研究所，使用 3D 打印技术和一种称为多光子聚合技术，成功地打印出人造血管。通过这一过程打印出来的血管可以与人体组织相互沟通而不会遭到器官排斥。打印使用的“墨水”是生物分子与人造聚合体。2011 年 10 月，一辆名为 Urbee 的汽车在加拿大温尼伯艺术画廊举行的展会上首次公开亮相，包括玻璃嵌板在内的所有外部组件都是通过 3D 打印设备生产的。2011 年 12 月，Theo Jansen 展示一套采用 3D 打印机制作的 PVC 风动机械装置。装置通过风驱动上面的大扇叶，带动内部的机械齿轮让装置行走，就像一个多足的机器人在那里爬行。2012 年的 TED 大会上，能打印出肾的 3D 打印机使人眼前一亮。这次打印出的肾组织只是一个雏形，只是用于实验操作。短期内不能被用于临床应用中，但神奇的效果却产生了震撼效应。2012 年 3 月，来自维也纳科技大学的研究人员推出纳米级 3D 打印机，可以创建复杂的对象，如微型 F1 赛车、维也纳圣史蒂芬大教堂和伦敦塔桥的微型模型等，它们甚至比一粒沙子还要小。这种打印机使用液态树脂，采用一种名为双光子光刻的高新技术，通过激光使树脂硬化成形。

在技术研发上，我国已有部分技术处于世界先进水平。激光直接加工金属技术发展较快，已基本满足特种零部件的机械性能要求，有望率先应用于航天、航空装备制造；生物细胞 3D 打印技术取得显著进展，已可以制造立体的模拟生物组织，为我国生物、医学领域尖端科学研究提供了关键的技术支撑。

3. 3D 打印前景展望

2013 年 4 月，英国《经济学人》刊文认为，3D 打印技术将与其他数字化生产模式一起，推动第三次工业革命的实现。美国《时代》周刊也将 3D 打印产业列为“美国十大增长最快的工业”。虽然 3D 打印在很长一段时间内无法取代传统的减材制造方式,但是却有着传统方式无法企及的优势。随着航空航天技术的发展,零件构造越来越复杂,力学性能要求越来越高,重量却要求越来越轻,通过传统工艺很难制造,3D 打印则可以满足这些需求。

德国、澳大利亚、南非、中国、以色列在金属激光烧结打印机方面,都在加紧研发步伐,据《世界增材制造行业发展报告》预计,到 2018 年整个行业在世界范围内有望形成完全的市场化运作。3D 打印机的发展,还会带来一系列连锁反应,其上下游相关行业必然受益。3D 打印的关键技术,目前主要受制于打印材料和激光技术,在得到市场的积极响应之后,3D 打印材料制造,激光技术都在积极跟进。

我国这个行业受益的主要是国外品牌的代理商,福斐科技就是一个典型的案例。国内制造商受制于一些客观因素还处于行业低端,这些因素中最主要的是打印材料。目前,石膏、无机粉末、光敏树脂、塑料等原材料应用较广泛,但若是要“打印”房屋或者汽车,这些材料远远不够,一些重要的金属构件对材料的要求更加苛刻,这恰恰是国内 3D 打印行业的软肋。在工艺上,特别是对快速成型软件技术的研究还不成熟,国内快速成型零件的精度及表面质量大多不能满足工程直接使用的要求,不能作为功能性部件,只能做原型使用。因此,就国内的具有自主知识产权的 3D 打印机产品而言,打印材料很多都要依靠进口,这无形中增加了使用成本。

国内激光 3D 打印机材料制造商相继表示已经能够按照客户要求生产出能够运用于激光 3D 打印机上使用的耗材。未来,我国 3D 打印或达到百亿元市场空间。

6.2　桌面级 3D 打印机

6.2.1　总体情况

对于工业级的 3D 打印机来说,目前可以用于打印的材料已经较丰富,如塑料、金属、玻璃,甚至可以打印类似木材的材料。对于桌面级产品来说,目前能使用的材料主要是塑料,这也限制了桌面级 3D 打印机的适用范围。

人们对于 3D 打印机的终极梦想是,需要的任何物品都可以通过 3D 打印机实时打印出来,目前即便是工业级的 3D 打印机,也无法做到。工业级的 3D 打印机目前的确能够打印一些可以实际投入使用的产品,而桌面级的 3D 打印机,更多还只是能够打印一些模型。

大多数桌面级 3D 打印机的售价在 2 万元人民币左右,一些低端仿制品价格可以低到 6000 元,但质量很难保障。

对于桌面级 3D 打印机来说,由于目前仅能打印塑料产品,因此使用范围有限。对于家庭用户来说,3D 打印机的使用成本仍然很高。

事实上，3D 打印的产业链非常长，涉及很多环节。例如，有打印需求的人，还有产品设计师、3D 打印机提供商、3D 打印机制造商、3D 打印材料的提供商。因此，除了打印机的生产厂商，围绕 3D 打印产业链也会产生很多机会。

如果把 3D 打印和电脑产业对比，在电脑产业链中，PC 生产厂商提供的是最为基础的服务，但是长期以来软件巨头微软一直是最赚钱的公司，而随着互联网的发展，谷歌、亚马逊和 Facebook 都呈现出超越微软的趋势。在 3D 打印产业链里，也有可能出现基于 3D 打印提供服务的巨头。如果能出现一款降低人们使用 3D 打印机成本的产品，在促进 3D 打印机普及的同时，这类服务也会有很大的发展空间。

6.2.2　个人打印机

在过去的几十年，包括个人 3D 打印机在内的 3D 打印行业到得爆发式发展。伴随着技术日新月异的发展和众筹网站的发力，3D 打印行业发展异常迅速。

从 2005 年开始，开源 RepRap 项目凭借易用、用户友好和精确等特点，在制作 3D 打印机领域一直很成功。RepRap 意为快速复制原型（replicating rapid prototyper），呼吁大家关注这样一个事实——机器能生产自己的大部分零件。这个项目的长期目标是，让机器能够生产它的全部零件，因此 RepRap 团队一直在试验打印导电材料。以 RepRap 免费的套件和全组装打印机为基础，很多成功的公司已经开发出了新的产品。

为清晰明了，下面按字母顺序列出这些个人 3D 打印机公司名单。

1. Afinia（图 6-1）

Afinia H 系列因为其简易性和稳定的高质量打印性能，曾获 *Make Magazine* 最佳整体体验奖。

Afinia H 系列的 h379 技术规格如下。

线材型号：1.75 毫米。

可打印材料：ABS、PLA。

整机尺寸：245 毫米×260 毫米×350 毫米。

打印空间：140 毫米×140 毫米×135 毫米。

最小层厚：0.15 毫米。

软件：Custom。

价格：1499 美元。

图 6-1 Afinia H 系列

2. Airwolf 3D(图 6-2)

W3DXL 技术规格如下。

线材型号:3 毫米。

可打印材料:ABS、PLA、PC、尼龙。

打印空间:合 304.8 毫米×203.2 毫米×177.8 毫米。

最高打印速度:150 毫米/秒。

最小层厚:80 微米。

软件:开源链。

其他特性:亚克力框架,304.8 毫米×203.2 毫米硼硅酸盐玻璃平台,6 个月质保。

价格:1895 美元。

3. B9Creator(图 6-3)

B9Creator 是一个由 Kickstarter 资助的 DIY 光固化快速成型套件,能打印出高质量的作品。

B9Creator 技术规格如下。

可打印材料:液态树脂。

整机尺寸:304.8 毫米×469.9 毫米×787.4 毫米。

打印空间:102.4 毫米×76.8 毫米×203.2 毫米(XY 平面打印精度为 100 微米时);51.2 毫米×38.4 毫米×203.2 毫米(XY 平面打印精度为 50 微米时)。

XY 平面打印精度：100 或 50 微米。
最小层厚：小于 10 微米。
其他特性：可以挂在墙上。
价格：2495 美元(套件)。

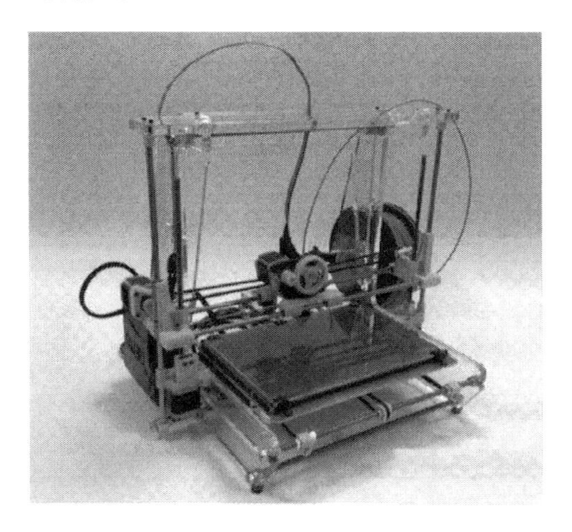

图 6-2　W3DXL

图 6-3　B9Creator

4. BitsfromBytes(图 6-4)

提供高质量 RapMan 3.2 套件和预组装,可带 3 个打印头的 3DTouch。Bits from Bytes 公司在 2010 年被 3D Systems 公司收购。

3DTouch 三头打印机的技术规格如下。

线材型号:专用的 3 毫米卷轴,但 1.75 毫米线材可以用。

可打印材料:ABS,PLA,可溶性清晰透明的 PLA。

整机尺寸:515 毫米×515 毫米×598 毫米。

打印空间:185 毫米×275 毫米×201 毫米。

最高打印速度:15 立方毫米/秒。

XY 平面打印精度:物体尺寸的+/− 1%或+/− 0.2 毫米,以较大者为准。

最小层厚:0.125 毫米。

软件:Axon 3。

其他特性:3 个打印头、触摸屏操作、支持直接从 USB 打印、PLA 塑料在氢氧化钠溶液中是水溶性的。

价格:4370 美元。

图 6-4　3DTouch

5. Cubify(图 6-5)

Cubify 的 Cube 被 *Make Magazine* 评为最容易使用的 3D 打印机,部分原因是其带有 wifi 功能。Cubify 隶属于 3D Systems 公司。

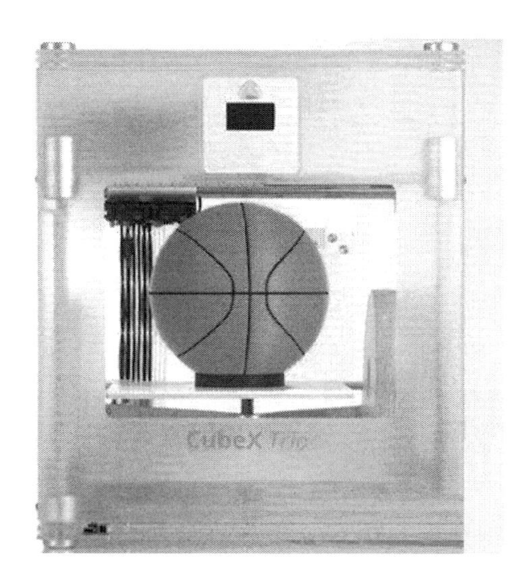

图 6-5　CubeX Trio

CubeX Trio 技术规格如下。

线材型号:1.75 毫米的专用墨盒。

打印材料:ABS、PLA、可溶解的 PLA。

整机尺寸:515 毫米×515 毫米×598 毫米。

打印空间:185 毫米×265 毫米×240 毫米。

最高打印速度:15 立方毫米/秒。

XY 平面打印精度:物体尺寸的+/− 1%或+/− 0.2 毫米,以较大者为准。

最小层厚:0.125 毫米。

软件:Custom。

其他特性:3 个打印头、支持直接从 USB 打印、PLA 塑料在氢氧化钠溶液中是水溶性的,可以在加热的超声波容器中进行操作。

价格:3999 美元。

6. Deezmaker(图 6-6)

Bukobot 曾获得 Kickstarter 的资助,而且 Deezmaker 已经在加利福尼亚的帕萨迪纳市(Pasadena)开设了零售店和创客空间。

Bukobot 8 Duo 技术规格如下。

线材型号:3 毫米、1.75 毫米。

可打印材料:ABS、PLA、水溶性的 PVA。

打印空间:200 毫米×200 毫米×200 毫米。

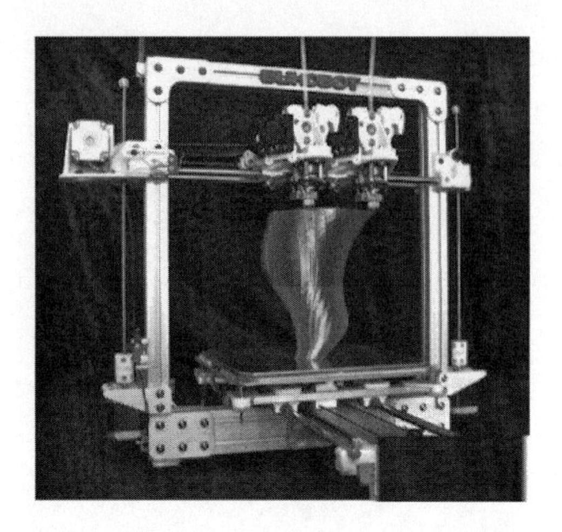

图 6-6 Bukobot 8 Duo

最高打印速度:120 毫米/秒。

最小层厚:0.1 毫米。

软件:开源链。

其他特性:双打印头、铝合金框架、可扩展、可升级。

价格:预组装的价格为 1495 美元。

7. Fab@Home(图 6-7)

基于注射器的 Fab@Home 可以打印带有乳脂或是呈凝胶状的任何物质,如有硅橡胶、水泥、生物材料,以及糖霜和奶酪这样的食品。

Fab@Home M3:双打印头价格均为 3988 美元。

图 6-7 Fab@Home Model 3

8. Filabot(图 6-8)

这个曾获得 Kickstarter 资助的机器不是打印机，而是一台塑料回收循环机。它可以把几乎所有的塑料(如破碎的版画、牛奶盒和瓶子)等转化成可利用的线材卷在卷轴上。

Filabot 3 毫米和 1.75 毫米的模具可以互换，10000 转/分钟的研磨电机可以处理大小为 76.2 毫米×76.2 毫米的塑料片。

价格：1000 美元。

图 6-8　Filabot Reclaimer

9. Formlabs(图 6-9)

Form 1 现在使用 SLA(光固化成型)技术而不是 FDM(熔融沉积)技术，因此打印质量比大部分个人 3D 打印机的要好。

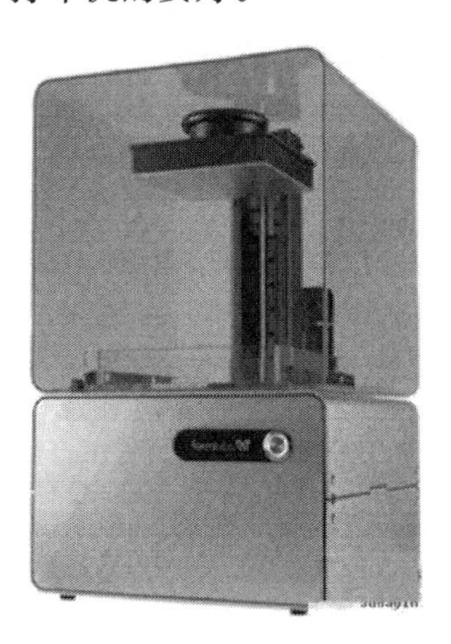

图 6-9　Form 1

Form 1 技术规格如下。
可打印材料:专有的液体树脂整机。
尺寸:300 毫米×280 毫米×450 毫米。
打印空间:125 毫米×125 毫米×165 毫米。
打印特征精度:300 微米。
最小层厚:0.025 毫米。
软件:Custom。
其他特性:含有 FormFinish。
价格:3299 美元。

10. Imagine(图 6-10)

Imagine 3D 打印机是基于注射器的,因此可以打印像乳脂一样的物质。
Imagine 技术规格如下。
双打印头整机尺寸:355.6 毫米×508 毫米×381 毫米。
打印空间:228.6 毫米×228.6 毫米。
打印精度:约为喷嘴头端直径的两倍,可选配多种不同尺寸的喷嘴头。
价格:2799 美元。

图 6-10　Imagine 二代

11. Leapfrog(图 6-11)

Leapfrog 生产了 Creatr 和 Xeed 两款牢靠的 3D 打印机,这些打印机零件的质量都非常好。
Creatr 技术规格如下。
线材型号:1.75 毫米。
可打印材料:ABS、PLA、PVA。

整机尺寸:500 毫米×600 毫米×500 毫米。
打印空间:230 毫米×270 毫米×220 毫米。
最高打印速度:2 立方厘米/分钟。
XY 平面打印精度:0.05 毫米。
最小层厚:0.2 毫米。
软件:开源链。
其他特性:双打印头、刚性框架。
价格:1700 美元。

图 6-11　Xeed

Xeed 技术规格如下。
线材型号:1.75 毫米。
可打印材料:ABS、PLA、PVA。
整机尺寸:800 毫米×600 毫米×500 毫米。
打印空间:370 毫米×340 毫米×290 毫米。
最高打印速度:2 立方厘米/分钟。
XY 平面打印精度:0.012 毫米。
最小层厚:0.1 毫米。
软件:植入打印机上的平板电脑。
其他特性:双打印头、刚性框架、可用 wifi 独立操作。
价格:7300 美元。

12. LulzBot(图 6-12)

LulzBot 以实惠的价格提供预组装的开源 3D 打印机。
AO-101 技术规格如下。

图 6-12　AO-101

线材型号:3 毫米、1.75 毫米。

可打印材料:ABS、PLA。

整机尺寸:464 毫米×483 毫米×381 毫米。

打印空间:200 毫米×190 毫米×100 毫米。

最高打印速度:200 毫米/秒。

XY 平面打印精度:0.2 毫米。

最小层厚:0.075 毫米。

软件:开源链。

其他特性:可扩展。

价格:1725 美元。

13. MakerBot(图 6-13)

MakerBot 借助 Thing-o-Matic 成功地把 RepRap 商业化,Replicator 2 是广受欢迎的 3D 打印机之一。

Replicator 2 技术规格如下。

线材型号:1.75 毫米。

可打印材料:PLA。

整机尺寸:490 毫米×420 毫米×380 毫米。

打印空间:285 毫米×153 毫米×155 毫米。

XY 平面打印精度:11 微米。

最小层厚:100 微米。

软件:MakerWare。

其他特性：支持双打印头；直接从 SD 卡打印，不需要 PC 连接；带镀层钢结构。

价格：2199 美元。

图 6-13　Replicator 2

14. MakerGear（图 6-14）

MakerGear 也是 RepRaps 的一个销售商，最初卖的是 Prusa Mendel 套件。现在 M 系列是他们的首选打印机。

M2 Series 技术规格如下。

线材型号：1.75 毫米。

可打印材料：ABS、PLA。

打印空间：203.2 毫米×254 毫米×203.2 毫米。

软件：开源链。

价格：1450 美元。

图 6-14　M2 Series

15. MakeMendel(图 6-15)

现在很多3D打印机公司所生产的3D打印机基本上都属于RepRaps,MakeMendel也是其中之一。

RapidBot 3.0 技术规格如下。

线材型号:3毫米、1.75毫米、Bot HotEnds。

可打印材料:ABS、PLA。

整机尺寸:450毫米×350毫米×370毫米。

打印空间:220毫米×220毫米×165毫米。

最高打印速度:60毫米/秒。

XY平面打印精度:27微米。

最小层厚:0.2毫米。

软件:开源链。

其他特性:亚克力框架、USB交互界面。

价格:699美元。

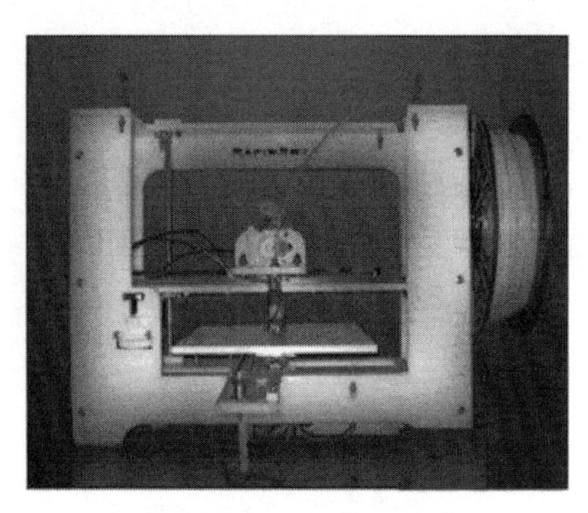

图 6-15 RapidBot 3.0

16. MakiBox(图 6-16)

MakiBox是在Makible.com获得众筹赞助的,其致力于在市场上提供最实惠的3D打印机,没有热床的A6 LT售价200美元起。

A6 HT Stainless 技术规格如下。

线材型号:1.75毫米。

可打印材料:ABS、PLA。

整机尺寸:290毫米×235毫米×235毫米。

图 6-16　A6 HT Stainless

打印空间:150 毫米×110 毫米×90 毫米。

XY 平面打印精度:0.04 毫米。

软件:开源链。

其他特性:钢质框架和床,部分组装。

价格:350 美元。

17. MBot3D(图 6-17)

MBot3D 是一家国内的 3D 打印机经销商,通过与西方销售商拼价格来提高服务竞争力。

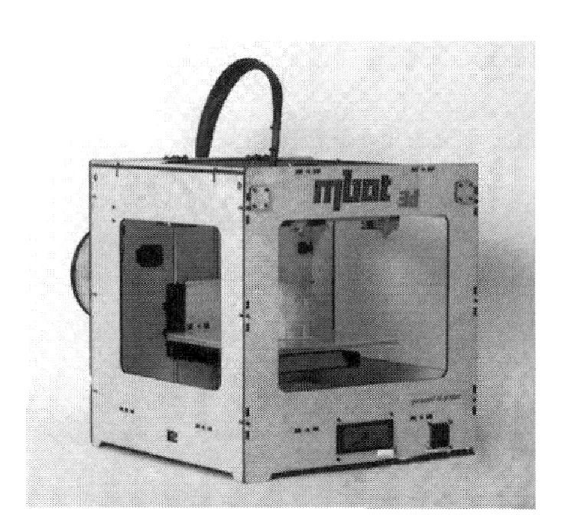

图 6-17　MBot Cube

MBot Cube 技术规格如下。

线材型号:1.75 毫米。

可打印材料：ABS、PLA。

整机尺寸：410 毫米×400 毫米×415 毫米。

打印空间：200 毫米×200 毫米×200 毫米。

最高打印速度：40 毫米/秒。

XY 平面打印精度：0.0025 毫米。

最小层厚：0.1 毫米。

软件：ReplicatorG。

其他特性：支持双打印头，LCD 液晶显示控制面板，带 SD 卡槽。

价格：999 美元。

18. Personal Portable 3DPrinter（图 6-18）

尽管 Up! Plus 是一个奇怪的名称，但它获得了 *Make Magazine* 的诸多奖项，包括最容易使用奖和最佳整体体验奖。

图 6-18　Up! Plus

Up! Plus 技术规格如下。

线材型号：1.75 毫米。

可打印材料：ABS、PLA。

整机尺寸：245 毫米×260 毫米×350 毫米。

打印空间：140 毫米×140 毫米×135 毫米。

最小层厚：0.15 毫米。

软件：Custom。

其他特性：金属框架，含有可打印零件的数字文件。

价格：1499 美元。

19. Printrbot PLUS(图 6-19)

Printrbot PLUS 提供多种尺寸规格的实惠的套件和预组装打印机。

图 6-19　Printrbot PLUS

Printrbot PLUS 技术规格如下。
线材型号:3 毫米。
可打印材料:ABS、PLA。
整机尺寸:355.6 毫米×406.4 毫米×381 毫米。
打印空间:203.2 毫米×203.2 毫米×203.2 毫米。
最小层厚:0.1 毫米。
软件:开源链。
其他特性:激光切割桦木框架。
价格:799 美元。

20. SeeMeCNC(图 6-20)

SeeMeCNC 出售 RepRap Huxley 套件和 delta 型 Rostock MAX 套件,同时也出售激光切割机。
Rostock MAX 技术规格如下。
线材型号:1.75 毫米。
可打印材料:ABS、PLA。
打印空间:279.4 毫米×349.25 毫米。
最高打印速度:150 毫米/秒。
XY 平面打印精度:0.02 毫米。
最小层厚:小于 100 微米。
软件:开源链。
其他特性:激光切割三聚氰胺层压板框架,可选配机载 LCD 和 SD 卡槽。

图 6-20　Rostock MAX

价格:999 美元。

21. Solidoodle(图 6-21)

Solidoodle 专注于提供实惠且牢靠的 3D 打印机,Solidoodle 3 是同价位中体型最大的。

图 6-21　Solidoodle 3

Solidoodle 3 技术规格如下。
线材型号:1.75 毫米。
可打印材料:ABS、PLA。
整机尺寸:304.8 毫米×304.8 毫米×292.1 毫米。

打印空间：203.2 毫米×203.2 毫米×203.2 毫米。
XY 平面打印精度：11 微米。
最小层厚：100 微米。
软件：开源链。
其他特性：钢质框架。
价格：799 美元。

22. SUMPOD(图 6-22)

SUMPOD 是一家英国公司，它以实惠的价格提供目前市场上最大的个人 3D 打印机。

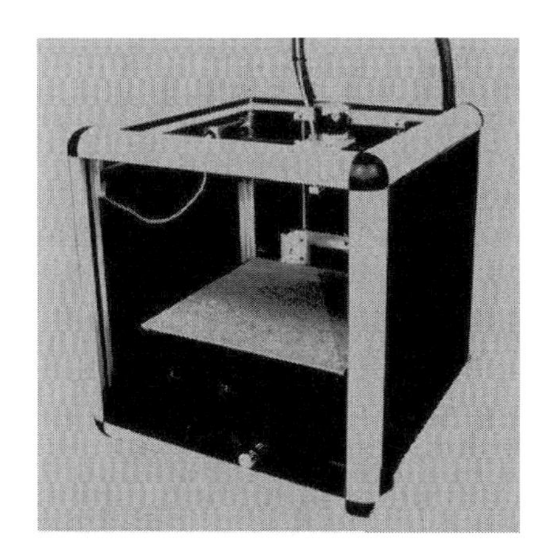

图 6-22　SUMPOD ALUMINIUM

SUMPOD MEGA 技术规格如下。
线材型号：大概是 1.75 毫米。
可打印材料：PLA。
整机尺寸：860 毫米×860 毫米×860 毫米。
打印空间：600 毫米×600 毫米×600 毫米。
XY 平面打印精度：0.02 毫米。
软件：开源链。
其他特性：LCD 屏、刚性框架、采用双 Z 轴和 X 轴以保持速度和强度可升级。
价格：3300 美元。

23. Future is 3D(图 6-23)

Future is 3D 的公司名称很奇怪但也很确切，提供超大尺寸的单片钢质框架的 3D 打印机。

图 6-23　Glacier Peak

Glacier Peak 技术规格如下。

线材型号:3 毫米、1.75 毫米。

可打印材料:ABS、PLA。

整机尺寸:609.6 毫米×762 毫米×736.6 毫米。

打印空间:406.4 毫米×406.4 毫米×533.4 毫米。

XY 平面打印精度:11 微米。

最小层厚:150 微米。

软件:开源链。

其他特性:支持双打印头,单片钢质框架,可预装便携式电脑(800 美元),1 年质保。

价格:3650 美元。

24. Tinkerines(图 6-24)

Ditto 技术规格如下。

线材型号:3 毫米。

可打印材料:PLA。

整机尺寸:350 毫米×380 毫米×435 毫米。

打印空间:190 毫米×180 毫米×220 毫米。

最小层厚:100 微米。

软件:开源链。

其他特性:桦木框架(可选择亚力克的),可选配 SD 卡槽,可选择用于 ABS 打印的热床。

价格:899 美元。

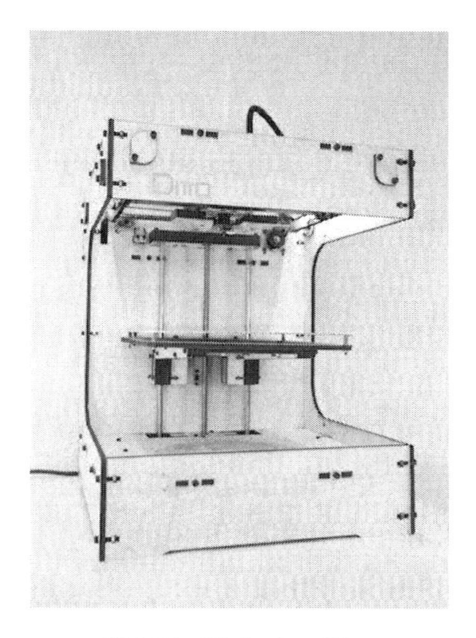

图 6-24 Tinkerines Ditto

25. Trinity Labs(图 6-25)

Aluminatus TrinityOne 技术规格如下。
线材型号:3 毫米。
可打印材料:ABS、PLA、尼龙、聚碳酸酯。
整机尺寸:不详。
打印空间:300 毫米×300 毫米×300 毫米。

图 6-25 Aluminatus TrinityOne

XY平面打印精度:0.025毫米。
最小层厚:0.025毫米。
软件:开源链。
其他特性:刚性框架、无带式输送系统、Borosillicate。
价格:2199美元(完成85%组装)。

26. Type A Machines(图6-26)

Series 1曾获*Make Magazine*评选的最佳中型机奖。

图6-26　Series 1

Series 1技术规格如下。
线材型号:1.75毫米。
可打印材料:ABS、PLA、PVA。
打印空间:228.6毫米×228.6毫米×228.6毫米。
最高打印速度:90毫米/秒。
最小层厚:50微米。
软件:开源链。
其他特性:激光切割三合板框架。
价格:1400美元。

27. Ultimaker(图6-27)

作为一个套件,Ultimaker的表现非常好,获得*Make Magazine*最精确、最快和最佳开源硬件奖。
Ultimaker技术规格如下。
线材型号:3毫米。

图 6-27　Ultimaker

可打印材料：ABS、PLA。

整机尺寸：350 毫米×350 毫米×350 毫米。

打印空间：210 毫米×210 毫米×205 毫米。

XY 平面打印精度：0.0125 毫米。

最小层厚：100 微米。

软件：开源链。

其他特性：激光切割桦木胶合板框架，可选配 UltiController LCD 交互接口。

价格：约 1600 美元。

28. Eventorbot（图 6-28）

这是一个完全开源的钢质框架的打印机，打印空间为 203.2 毫米×254 毫米×152.4 毫米，所有图纸都可分享。

图 6-28　Eventorbot

29. DeltaMaker(图 6-29)

DeltaMaker 定位低门槛,借助开源的软件,能在打印 228.6 毫米×279.4 毫米的物体时,把进度误差控制在 100 微米。

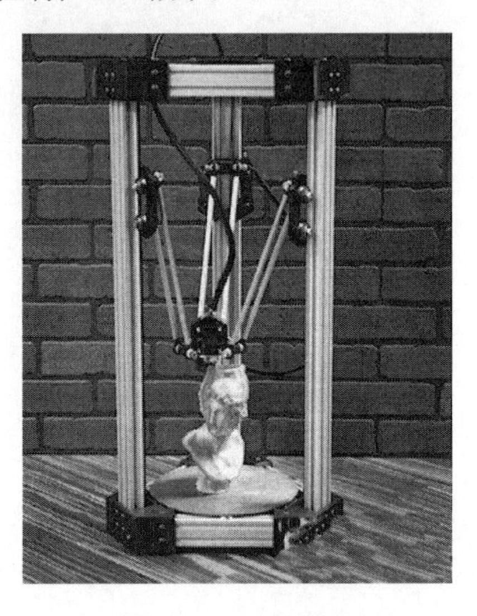

图 6-29 DeltaMaker

30. Robo 3D(图 6-30)

Robo 3D 有一个相对较小的底座,但打印空间更大,价格仅为 MakerBot Replicator 2 的三分之一。

大型跨国零售业者有机会将打印技术带给一般消费者并创造营收[1],包括销售打印机与耗材,以及销售个性化 3D 打印商品。

图 6-30 Robo 3D

6.3 小　　结

本章将3D打印机分为工业级3D打印机和桌面级3D打印机，并介绍了市场上主流的3D打印机。有专家预测，未来3D打印机可能以社区的形式存在，在那里将个人数据扫描、存储，需要时可以在社区打印店中进行专业化定制，如衣服、帽子等[2]。目前来看，要实现这样的目标还有很长的路要走。

参考文献

[1] Basiliere P，Weilerstein K，McNeess. 平价3D打印机将打入各行各业. 中国电子商情，2013，(6)：20-21.
[2] 孟剑. 当3D打印机走下"工业神坛". 产业观察，2013，(3)：46.

第三篇

3D 打印技术应用

第7章　3D打印在日常生活领域的应用

7.1　概　　述

随着3D打印技术的发展和人们生活水平的提高，渐渐产生一种趋势，于是3D打印技术与人们生活的相关程度越来越紧密。可想而知，在日常生活中，很多物品，我们想要却已不再生产。很多物品，我们的灵感一现却“寻道无门”。此时，3D打印机便是一种很好的选择。

中国首家3D打印体验馆以数字化三维扫描技术和3D打印技术为核心，面向社会提供3D照相、3D产品打印、个性化定制，以及3D产品、设备选购等服务，是首个在线3D打印服务平台叁迪网的线下体验店。在北京市科委的支持下，DRC基地建设以北京上拓科技等龙头企业为核心的3D打印技术条件平台，汇聚美国、以色列技术设备25台套，提供从3D创作到打印的全过程服务。同时，进行人体数据扫描存储，为人们提供衣服、鞋子、眼镜、创意礼品等个性化数字定制服务[1]。

日常生活用到个性人偶、鞋包、首饰、家居家饰等很多物品都可以通过3D打印机打印出来的，甚至巧克力、汉堡、披萨等食物也可以。

下面介绍3D打印机在日常生活领域的经典案例。

7.2　经典案例

7.2.1　婚纱人偶

据英国《每日邮报》报道，日本东京一家公司利用3D打印技术为新人打印婚纱人偶，完全根据真人扫描后由3D打印机打印得到，如图7-1所示。

7.2.2　个性鞋子

由产品设计公司Freedom of Creation的设计师Nguyen在鞋子的一边加了个可以用来装iPhone的手机套。这款鞋子是3D打印配饰网站Fresh Fiber委托Freedom of Creation公司设计的，并且在去年的米兰设计周中发布，如图7-2和图7-3所示。

图 7-1 婚纱人偶

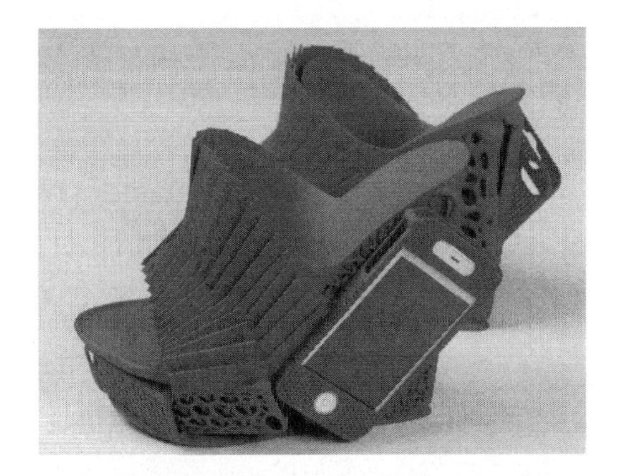

图 7-2 3D打印的个性鞋子 1

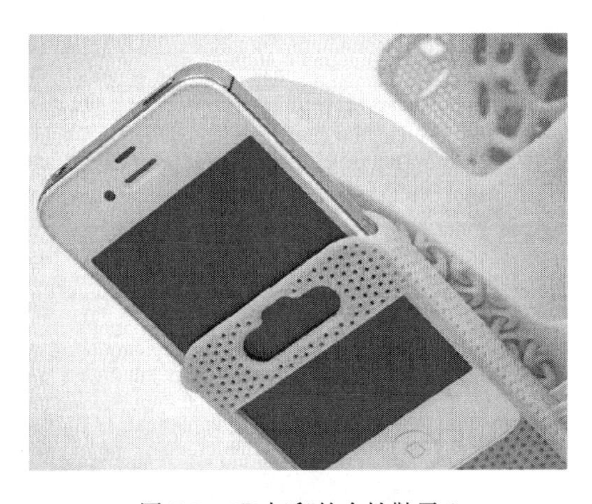

图 7-3 3D打印的个性鞋子 2

7.2.3 个性戒指

3D打印让传统戒指焕发新的生机[1]。对于个性首饰，在传统加工方法中要么是加工普通的材料，要么是加工贵重金属，这不仅浪费材料，而且工艺复杂，成本偏高。设计师Brian采用镀金的稀土磁石打印，节约材料的同时又节能环保，可供用户随心搭配，可以满足大众追求个性化的需要，如图7-4和图7-5所示。

图7-4 3D打印的戒指1

图7-5 3D打印的戒指2

7.2.4 个性吊坠

鹅卵石在大家的印象中也许只是用来“踩”，用来做项链或许还是第一次见，设计师巧妙地把鹅卵石与项链相结合，并且更加聪明的制成空心花纹的造型，解决了其沉甸甸的困扰，更增加了其美观性，如图7-6和图7-7所示。

图 7-6　鹅卵石吊坠 1

图 7-7　鹅卵石吊坠 2

7.2.5　个性台灯

设计的灵感源于自然，而 3D 打印技术能为设计师提供想象的实现平台，制作出天然而实用的台灯，如图 7-8 所示。

图 7-8　个性台灯

7.2.6　个性桌椅

个性桌椅如图 7-9 所示。

图 7-9　个性桌椅

7.2.7　巧克力

如今的年轻人越来越追求个性化，他们期望用更富个性化的礼品获得异性的青睐。英国埃克塞特大学研究人员推出世界首台 3D 巧克力打印机，赚足了年轻人的眼球。该打印机与普通喷墨打印机工作原理类似，打印物体时也要经过扫描、分层加工成型等步骤，但“墨水”是液态巧克力，可以直接打印出个性化的巧克力，如图 7-10 和图 7-11 所示[2]。

7.2.8　汉堡包和披萨

汉堡和披萨也可以用 3D 打印机打印。荷兰团队成功使用 3D 打印机做出了汉堡包，取代了传统的“墨水”和塑料作为原材料，食物 3D 打印机使用的是生物墨水，一种由成百上千个活细胞构成的物质，如图 7-12 和图 7-13 所示。

图 7-10　3D 打印的巧克力老爷车

图 7-11　3D 打印的情人巧克力头像

图 7-12　3D 打印的牛肉汉堡

图 7-13　3D 打印的披萨

7.2.9　耳机

日本 NTT 研究所携手 Probox 研发出全球首款 3D 打印机造型的耳机 final audio design LAB 01。这款由 3D 打印机设计制作，全球限量发售的耳机一经问世便受到了业界的广泛关注，如图 7-14～图 7-16 所示。

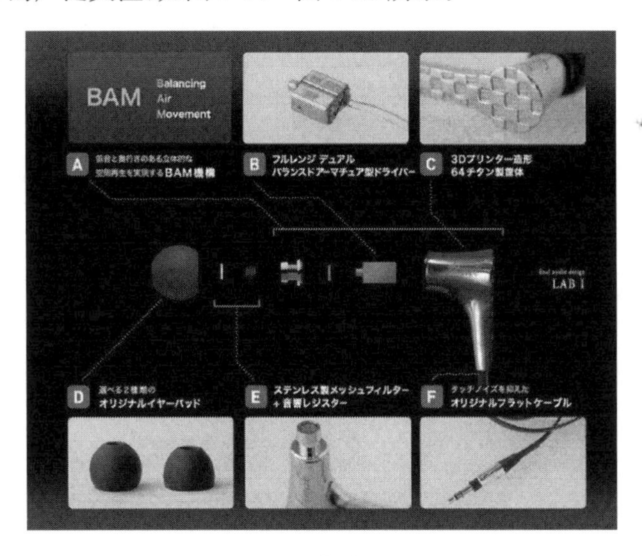

图 7-14　3D 打印的耳机 1

耳机的耳罩外壳、细小的插头，以及头带部分都采用了 3D 打印材料，整款产品设计的挑战在于如何将 3D 打印部分和原始材料（如螺旋铜丝、音频线等）更好地结合在一起，使产品的扬声器、插头和音频线连接等部分看起来更自然[3]。

目前，该作品的开源文件已经可以从网上下载到，拥有 3D 打印机的用户可以亲自试试打印这款高科技耳机。

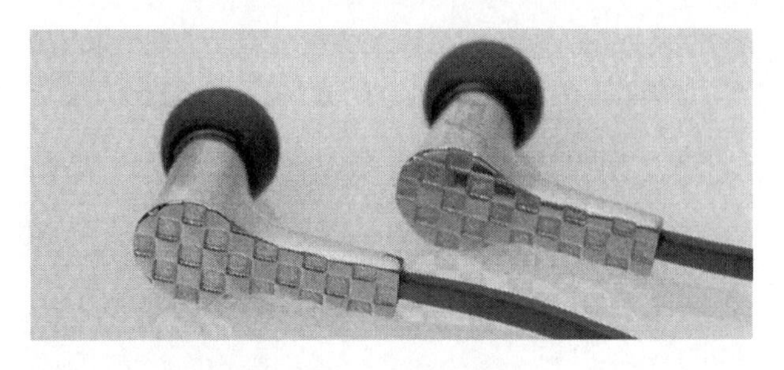

图 7-15　3D打印的耳机 2

图 7-16　3D打印的耳机 3

7.2.10　衣服

由设计师 Schmidt 和 Bitoni 设计的 3D 打印晚礼服，找来了著名时尚明星 Dita von 代言，在时尚业获得了极大的关注。这款礼服由 17 个不同组件组成，同时装饰有 13 000 颗施华洛世奇水晶，十分奢华。另外，这两位设计师还在研发 3D 打印黄金和其他贵金属珠宝，逐渐受到好莱坞明星等高端时尚人士的关注，如图 7-17～图 7-20 所示。

图 7-17　3D打印的晚礼服 1

图 7-18　3D 打印的晚礼服 2

图 7-19　3D 打印的连衣裙 1

图 7-20　3D 打印的连衣裙 2

7.2.11　3D 打印时装

2011 年,荷兰时尚设计师 van Herpen 在巴黎时装周上展示了由 3D 打印技术完成的服装,开辟了全球时尚界的新时代[4]。该设计师通过与 3D 打印公司合作,实现了普通裁剪工艺无法实现的复杂设计,令人印象极为深刻,如图 7-21 所示。

图 7-21　3D 打印的时装

7.2.12　3D 彩色晶体内衣

南非时尚设计师 van Vuuren，通过 3D 打印技术将塑料及布艺材质结合，实现了刚性及柔性材质的结合，实现了晶体式内衣的设计，实际产品极具设计感，如图 7-22 所示。

图 7-22　彩色晶体内衣

7.2.13　高跟鞋

新科技的应用向来是伦敦设计节值得关注的亮点[5]。致力于 3D 打印服饰的 Continuum 公司，使用 3D 打印技术实现了非常复杂的结构设计，让高跟鞋极具美感与实用性[6]，如图 7-23 所示。

图 7-23　高跟鞋

7.2.14　3D打印珊瑚手镯

设计师 van Vuuren，通过 3D 打印技术，实现了非常复杂的“珊瑚”设计手镯，将刚性材质及柔性材质融合，实现了晶莹剔透且充满质感的设计，另外还照顾到可穿戴性，极具佩戴价值，如图 7-24 所示。

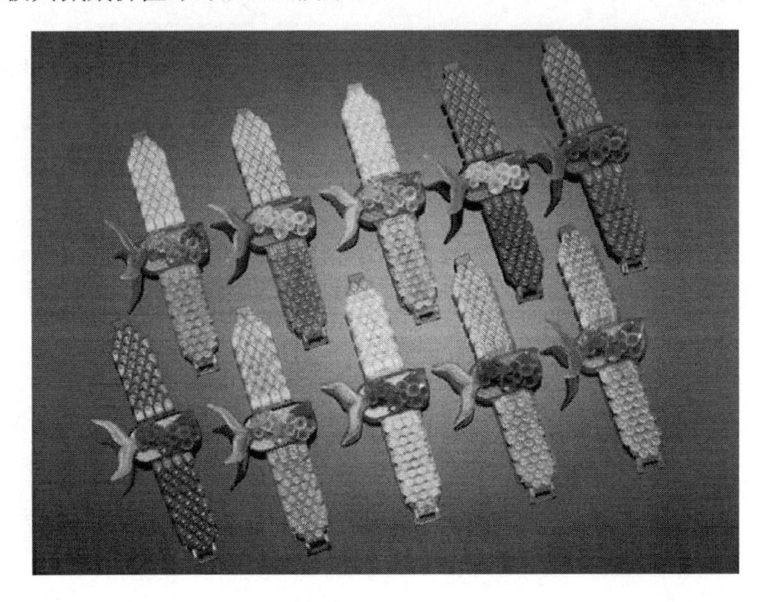

图 7-24　3D打印“珊瑚”手镯

7.3　小　　结

本章介绍 3D 打印在日常生活领域的应用，包括 3D 人偶、服装、视频、食物等。但要真正使 3D 打印机进入人们的生活，仍需多方面努力：首先，进一步拓展民用 3D 打印机的打印材料，使打印的物品更具实用性，而不单单是模型和摆设；其次，提高打印速度和精度，降低人们使用 3D 打印机的时间成本；第三，开发简单易用的 3D 设计软件，降低普通人进入 3D 设计的门槛。第四，在保证技术进步的同时，进一步降低 3D 打印机的价格，吸引对价格敏感的客户。

只有 3D 打印机充分做到实用、易用，价格合理，才能真正走进普通人的生活，而这些条件的完成，仍然需要一定的时间。

参考文献

[1] 郭少豪. 3D 打印：改变世界的新机遇新浪潮. 北京：清华大学出版社，2014.
[2] 机械工程协会. 3D 打印：打印未来. 合肥：中国科学技术出版社，2013.

[3] 徐旺. 3D 打印:从平面到立体. 北京:清华大学出版社,2014.
[4] 张彦芳. 3D 打印技术及其应用. 科技视界,2013,(13):123.
[5] 张弛. 3D 打印:产品制造的新革命. 设计,2011,(11):46.
[6] 晓婷. 3D 打印比基尼泳衣问世. 中国纤检,2011,(7):33.

第8章　3D打印在工业领域的应用

8.1　概　　述

随着科技的发展，3D打印技术已经不断的走入我们的视线，同时也引领着我们去体验作为一个“造物者”的乐趣。3D打印技术的意义远远超过喷墨到激光、黑白到彩色打印技术的发展，将使装备制造业彻底告别车床、钻头、冲压机、制模机等传统工具，改由更加灵巧的电脑软件主宰，根据零件或物体的3D模型数据，通过成型设备以材料累加的方式制成实物模型的技术。但3D打印离不开前端的3D设计，三维设计对普通人来说是一个门槛，然而在工业领域，拥有庞大的资金和技术进行源源不断的支撑，因此3D打印机的“热火”首先将在工业领域燃烧起来。

利用3D打印技术打印出模型，不仅替代了制作模具的高昂费用，减少了成品样品制作的出错率，而且缩减了研发时间、降低了研发成本。整个生产制作过程有点像搭积木，材料逐层添加，直至最终成型。这种生产方式使用的材料几乎没有浪费，既节省成本，又能带来环境效益。更明显的优点是，3D打印机能够实现产品生产本土化，减少运输需求。客户只需为“制图”付费，就可以在当地打印出需要的产品[1]。

不可否认，大批量生产几乎能够提供任何人们想要的产品，但是这些产品都是标准化的，在个性化方面已经无法满足人们日益增长的需求，在机械化和流水线盛行的年代，人们对于手工的东西都有特别的亲切感，因此3D打印技术出现的正是时候，一方面可以满足人们对个性化产品的追求，另一方面也可以大大提高产品的生产效率。当然也有一些零部件，用普通的扣挖、钻孔等技术也没办法完成，就只能依靠3D打印技术。这样生产出来的零部件不仅节省材料，而且更稳定。特别是，新产品的开发和单件、小批量的生产，这一点对于研发周期长、成本高、风险大的武器装备和复杂工业产品来说，具有极高的应用价值。

随着3D打印技术的发展，打印汽车已经成为现实，打印整栋环保建筑也不再是梦想。在航空领域新机的设计试制造过程中，当工业领域的试验件只制造少数或者规模小的零部件时，3D打印已经开始充分发挥其优势[2]。

3D打印随着本身技术的成熟，有望颠覆传统的产品生产模式，并给传统的生产模式带来翻天覆地发变化，谁也无法预知是否能引领第三次工业革命的变革，随着3D打印技术在工业领域、医药领域、教学领域的推广，我们将见证其广泛用途。

8.2　经典案例

8.2.1　航空、航天领域

3D 打印在航空航天领域的应用趋于成熟。美国宇航局(NASA)在外太空探索计划中,大量采用 3D 打印技术,从火箭部件到飞船及外星球探测器,甚至是众人关心的宇航员吃什么,NASA 都采用 3D 打印技术来实现。有资料显示,美国宇航局出资研制了一种 3D 食物打印机,采用的原料来自昆虫、草和藻类提取出的蛋白质粉和碳水化合物等。

1. NASA 测试有史以来最大 3D 打印火箭部件(图 8-1)

NASA 在马歇尔航天中心对 3D 打印技术在太空飞行中的运用进行了测试,测试对象是有史以来最大的 3D 打印火箭发动机部件。发动机部件是一台复杂的内部氧化物喷射器,当发动机点火时,这台喷射器会喷射燃料,为火箭起飞提供动力和推力[3]。

图 8-1　NASA 对部件进行测试

与 NASA 合作的是一家名为定向制造的快速制模公司。该公司使用一项被称为选择性激光熔化的工艺来打印上述火箭部件。这项工艺使用镍铬合金粉末,逐层打印出产品。之前的喷射器模型由 115 个部件组成,而这个 3D 打印的版本却只有两部分。该生产工艺更加节省时间——3D 打印只需要不到一个月,而传统的喷射器制作则需要大约半年的时间,成本也高一倍。3D 打印技术能够为人类的太空任务提供一个解决办法,使其能够迅速和低成本地更换发动机部件。

2. NASA资助SpiderFab项目(图8-2)

NASA一直以来都是航天事业的佼佼者,但是名为SpiderFab的项目却打破了这一传统。这是由航天初创公司Tethers Unlimited提出的将3D技术和航天事业结合在一起的概念项目。

与此同时,NASA也为这个项目注入了资金,计划在2020年正式对外展示。早在2012年8月,Tethers就从NASA那里获得了10万的启动资金进行相关的研发工作。此外,这家公司还将开发一个名为Trusselator的设备——使用类似的技术打印在太空中使用的太阳能电池阵列部件。

目前,NASA已经资助了多个太空3D打印项目,该机构希望借此能够找到3D打印航天飞机内部部件的方法。Tethers CEO兼首席科学家Hoyt称,一旦这种技术研发成功,NASA所需要的太空部件不但产量可提升上万倍,而且其打印出来的部件将拥有更优异的性能。

图8-2 SpiderFab项目

3. GE公司计划用3D打印技术制造发动机喷嘴(图8-3)

目前,3D打印技术的应用领域越来越广泛,很多精细化、复杂的设备,都可以通过3D打印技术完成。GE公司计划用3D打印技术来大规模制造发动机部件,如果这项计划实现,那么汽车的成本将有可能大幅下降,汽车的生产周期也会大幅缩短。

据海外媒体报道,GE公司在去年进行了重大技术投资,收购了Morris技术公司,以及3D打印服务快速质量制造公司。现在GE可以对3D打印进行大规模的工业实验。除了航空上的兴趣,GE还在使用3D打印设计新的超声探针。

GE航空将与斯奈克玛合作,利用增材制造技术生产LEAP发动机的喷嘴。公司计划启动全速生产,每台LEAP发动机需要10～20个喷嘴,GE每年将需要制造约 25 000 个。这种生产规模超出了目前增材制造的产能，GE 将使用激光烧结技术制造喷嘴。

图 8-3　3D 打印在航空航天领域的应用

4. 空客欲通过 3D 打印制造概念飞机（图 8-4）

空客公司计划利用 3D 打印技术打造概念飞机。要想利用 3D 打印飞机，需要一台大小如同飞机库房一样的 3D 打印机方可完成，这台 3D 打印机至少约为 80 米×80 米的规格才可以。

图 8-4　空客飞机

尽管目前还有很多问题没有攻克，但 3D 打印技术已经实实在在地为很多有梦想的人们带来了机遇。3D 打印技术拥有多种优势，不但可以节约成本，还能有效实现资源和材料的节省，同时制造周期也得到缩减。因此，相比传统制造方式，利用 3D 打印技术来制造飞机至少可以有效降低 65％的重量，这个结果将是惊人的。

据了解，这款3D打印技术打造的概念飞机，将会采用多项创新设计理念来完成，并且全面满足绿色环保的倡议，因为它完全是利用可回收的飞机舱和可加热飞机座位，同时透明墙体可为乘客带来全新的视觉感受。

5. 3D助力中国航空、航天发展

2013年5月24日，在第16届中国北京国际科技产业博览会上，中航天地激光科技有限公司的研发团队，展示了获得2012年度“国家技术发明奖一等奖”的飞机钛合金大型整体关键构件激光成形技术。

近年来，中国军事科技突飞猛进，以先进战机为代表的各种尖端武器密集亮相，让世界看花了眼。目前，中国已具备使用激光成形超过12平方米的复杂钛合金构件的技术和能力，成为目前世界上唯一掌握激光成形钛合金大型主承力构件制造和应用的国家。

作为我国自行设计研制的首型舰载多用途战斗机，歼-15可以说“高起点，高起步，从一无所有一下子跨越到第三代战斗机的舰载机，歼-15达到美国最先进的第三代舰载机‘大黄蜂’的技术水准”。

歼-15项目率先采用数字化协同设计理念：三维数字化设计改变了设计流程，提高了试制效率；五级成熟度管理模式，冲破设计和制造的组织壁垒，而这与3D打印技术密不可分。钛合金和M100钢的3D打印技术已应用于新机试制过程，主要是主承力部分(图8-5～图8-7)。

图8-5　飞机机身钛合金整体加强框

在传统的战斗机制造流程中，飞机的3D模型设计好后，需要长期的投入制造水压成型设备，而使用3D打印这种增材制造技术后，零件的成型速度和应用速度都得以大幅度提高。

飞机钛合金大型整体关键构件激光成形技术是3D打印技术的高端发展形势，是一项变革性的短周期、低成本、数字化先进制造技术。该项目在国际上首次突破了飞机钛合金大型整体主承力结构件激光成型工艺、力学性能控制、工程化成套设备、技术标准。已经可以用激光直接制造30多种钛合金等大型复杂关键金属

图 8-6 激光成型“眼镜式”钛合金主承力构件加强框

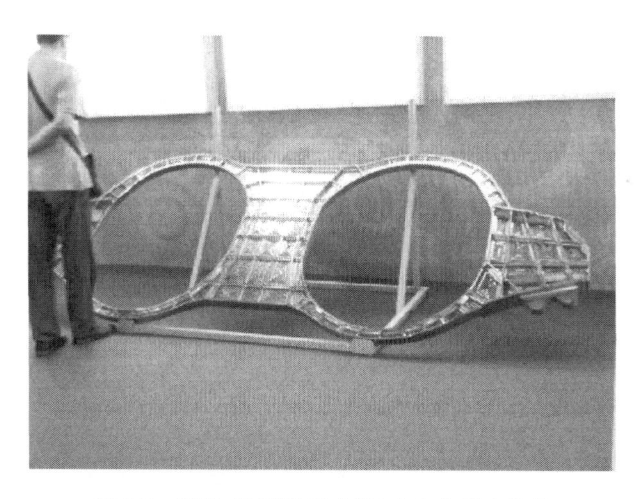

图 8-7 激光成型“眼镜式”钛合金主承力构件

零件，在大型运输机、舰载机、C919 大型客机、歼击机等飞机中装机应用，解决了型号研制“瓶颈”。

公开的资料表明，我国已经能够生产优于美国的激光成形钛合金构件，成为目前世界上唯一掌握激光成形钛合金大型主承力构件制造并付诸实用的国家[4]。

西北工业大学凝固技术国家重点实验室是我国 3D 打印技术研发最出色的单位之一，主要发展名为激光立体成形的 3D 打印技术。该技术通过激光熔化金属粉末，几乎可以打印任何形状的产品，其最大的特点是使用的材料为金属，3D 打印的产品具有极高的力学性能，能满足多种用途[5]。

8.2.2 工业设计领域

1. 3D打印自行车

自行车从1818年诞生开始，就没有停止过发展的步伐，现在已经演变为十几类造型、功能不同的自行车大家族。自行车的造型设计是在满足各种功能需求的前提下进行的，个性化和实用美观是用户首要考虑的。欧洲航空防务和航天公司采用3D打印技术，首次使用尼龙粉末成功打印了一辆功能完备的空气自行车(图8-8和图8-9)。

图8-8　世界首款3D打印自行车——Airbike

图8-9　世界首款3D打印自行车

英国科学家首先在电脑上设计出自行车，然后使用3D打印机打印。打印过程就是把熔化的尼龙粉堆积，最后堆砌成一辆自行车。Airbike采用一体结构，车轮、轴承和车轴均在打印过程中制造。Airbike可按照消费者的要求打印，无需调整，此外这款自行车也无需维修或者装配。这种3D打印方式使细小的尼龙，碳增强塑料或者钛、不锈钢、铝等金属粉末制造产品成为可能。

2. 3D打印汽车

2013年初，世界首款3D打印汽车Urbee 2面世(图8-10～图8-12)，它是一款三轮混合动力汽车，绝大多数零部件来自3D打印。

图8-10　世界首款3D打印汽车——Urbee1

图8-11　世界首款3D打印汽车——Urbee2

国内顶尖的汽车研发中心——坐落在上海金桥的通用汽车中国前瞻技术科研中心，也实现了打印汽车，打印一辆模具车仅需一两天。

Urbee 2依靠3D打印技术打印外壳和零部件，研究人员的主要工作包括组装和调试，整个过程大概花2500个小时。这辆汽车有3个轮子，除发动机和底盘是金属，用传统工艺生产，其余大部分材料都是塑料。传统汽车制造是生产出各部分，然后再组装到一起，3D打印机能打印出单个的、一体式的汽车车身，再将其他部件填充进去。据称，新版本3D汽车需要大约50个零部件，而一辆标准设计的

图 8-12 世界首款 3D 打印汽车——Urbee3

汽车需要成百上千的零部件。

3. 3D 打印摩托车

在摩德纳的意大利汽车山谷，意大利第一辆采用 F1 技术的电动摩托车 Energica Ego(图 8-13～图 8-15)开发成功。这辆摩托车的制造商 CRP 集团在车身的整流罩、大灯盖和机械电气部分的一些零件上使用了选择性激光烧结技术和名为 Windform 的碳纤维增强聚酰胺基材料。

图 8-13 世界首款 3D 打印摩托车——Energica Ego1

Windform 是 3D 打印工艺的专用材料，具有防水、防油和抗压力性能，可用于制造多种应用的高功能和精美的成品零件。

图 8-14　世界首款 3D 打印摩托车——Energica Ego2

图 8-15　世界首款 3D 打印摩托车——Energica Ego3

Energica Ego 时速可达 240 千米，一次充电可骑行 150 千米。电池充电交流电不到三个小时，直流电则需要一个半小时。Energica Ego 还配备了一个 KERS 制动系统，该系统可以像 F1 赛车那样回收部分能源再利用。CRP 集团为这个项目申请了几项专利，Energica Ego 确实在同类产品中独树一帜。

4. 3D 打印建筑

3D 打印建筑技术的基本原理是利用 3D 打印技术建造房屋。与其他 3D 打印不同，它需要一个巨型的三维挤出机械，并且挤出的是混凝土。虽然在概念上设计起来很简单，但实际上实施起来相当复杂，要解决的技术问题非常多[6]。

据报道，NASA 出资与美国南加州大学合作，研发出“轮廓工艺”3D 打印技术，24 小时内就可以印出大约 232 平方米的两层楼房子（图 8-16）。由于大大节约了建筑时间和建筑成本，该技术让人类在移民月球或火星后可以就地取材，快速并且批量打印出“外星屋”。

图 8-16　机器人可以自动操作楼房的建设

轮廓工艺就是一个超级打印机器人，其外形像一台悬停于建筑物上的桥式起重机，两边是轨道，而中间的横梁则是“打印头”，横梁可以上下前后移动，进行 X 轴和 Y 轴的打印工作，然后一层层地将房子打印出来。

轮廓工艺 3D 打印技术可以用水泥混凝土为材料，按照设计图的预先设计，用 3D 打印机喷嘴喷出高密度、高性能的混凝土，逐层打印出墙壁和隔间、装饰等，再用机械手臂完成整座房子的基本架构，全程由电脑程序操控（图 8-17 和图 8-18）。

为了节省建筑材料，轮廓工艺机器人打印出来的墙壁是空心的，虽然质量更轻，但它们的强度系数约为 10 000psi——远远超过了传统房屋的墙壁，而且节省了 20％～25％的资金和 25％～30％的材料。

轮廓工艺最大的节省还是人力，通过使用 3D 打印机，可以节省 45％～55％的人工，相应地也会使用更少的能源，排放更少的二氧化碳，不但大大降低了成本，而且大大提高了速度。

虽然轮廓工艺技术还存在一些不足，但它的诞生意味着在这个领域会有许多新工种出现。目前，该项目已经获得众多建筑机构和公司的关注。

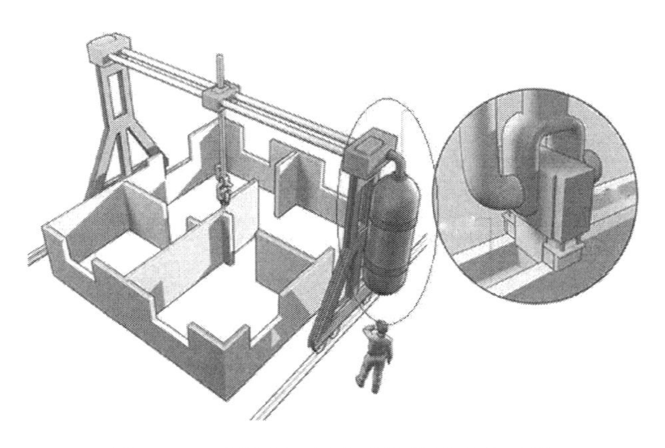

图 8-17　机器人可以自动操作楼房的建设

图 8-18　一个装有机械臂的测试墙

5. 3D 打印钛金属高精度产品

3D 打印机既不需要用纸，也不需要用墨，而是通过电子制图、远程数据传输、激光扫描、材料熔化等一系列技术，使特定金属粉或者记忆材料熔化，并按照电子模型图的指示一层层重新叠加起来，最终把电子模型图变成实物。其优点是可以大大节省工业样品制作时间，且可以“打印”造型复杂的产品。因此，许多专家认为，这项技术代表制造业发展的新趋势[7]。

3D 打印支持钛金属（图 8-20 和图 8-21），这让科学家欣喜若狂。打印一个 2 厘米直径的钛球的价格大概将花费 124 美元，而且打印的速度非常的快。

图 8-19　3D 打印房屋概念模型

图 8-20　3D 打印钛金属产品

图 8-21　3D 打印钛金属产品

6. 3D 打印机械零部件

衣服都能用 3D 打印机打印出来，那么机械零部件更不在话下了。事实上，一些 3D 打印机打印的零部件已经在工业领域派上了用场(图 8-22～图 8-25)。

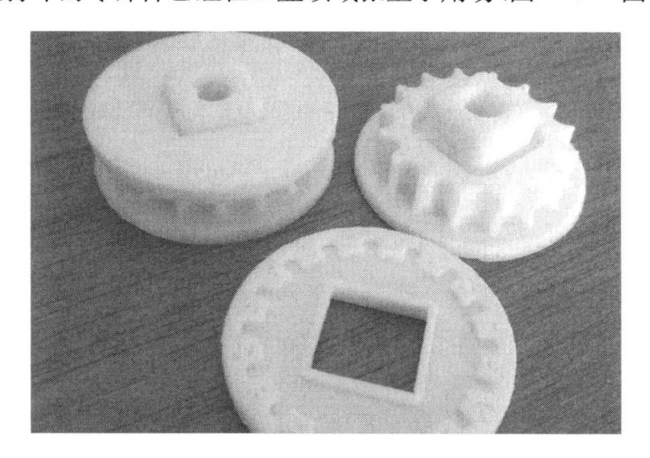

图 8-22　3D 打印机械零部件 1

图 8-23　3D 打印机械零部件 2

与传统研发手段相比，3D 打印技术生产汽车零部件可快速成型，运用快速成形技术在设计早期验证产品装配可行性时，能及时发现产品设计的差错，缩短开发周期，降低研发成本，快速验证关键、复杂零部件或样机的原理和可行性，如缸盖、

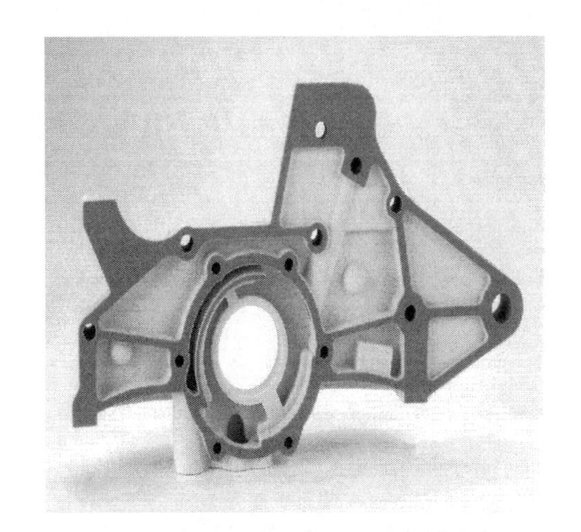

图 8-24　3D 打印机械零部件 3

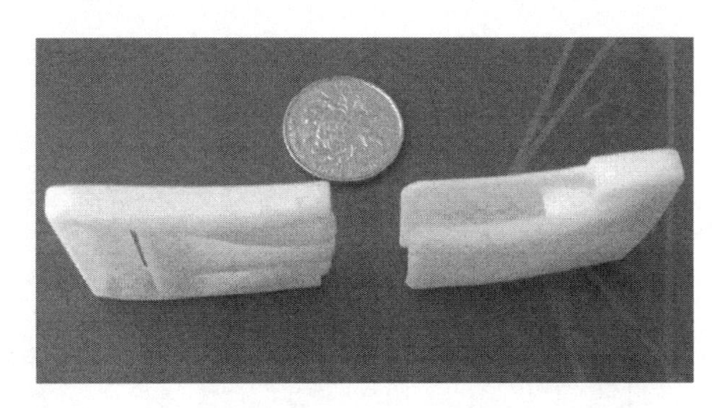

图 8-25　3D 打印机械零部件 4

同步器开发，以及橡胶、塑料类零件的单件生产。它无需金属加工或任何模具，可以免去模具开发、铸造、锻造等繁杂工序，省去试制环节中大量的人员、设备投入。目前国内零部件模具开发周期一般在 45 天以上，而 3D 打印技术可以在没有任何刀具、模具及工装夹具的情况下，快速实现零件的单件生产。根据零件的复杂程度，需 1～7 天，与传统铸造或锻造零部件相比，3D 打印技术具有绝对的高效率[8]。

7. 3D 打印武器

2013 年 11 月，美国一家公司制造了全球首款 3D 金属手枪（图 8-26），而且已经成功发射了 50 发子弹。这支 3D 打印手枪的设计出自经典的 1911 式手枪，制作使用了现成的弹簧和弹匣。公司还使用了包括激光烧结和研磨金属等多种技术，用 33 种不锈钢和合金制成[1]。

图 8-26　全球首款 3D 打印金属手枪

8.3 小　　结

本章介绍 3D 打印在工业领域的经典应用，如航天航空领域、工业设计领域等，让读者对该领域的 3D 打印有个总体的认识。

由此，我们可以看出 3D 打印在工业领域已经全面开花，并迅猛增长。

参考文献

[1] 郭少豪. 3D 打印：改变世界的新机遇新浪潮. 北京：清华大学出版社，2014.
[2] 机械工程协会. 3D 打印：打印未来. 中国科学技术出版社，2013.
[3] 郭少豪. 创意之钥. 北京：中国铁道出版社，2011.
[4] 赵兴东，陈仲强，郑渠英. 钛合金整体叶盘腐蚀表面“亮条”的成因及其对性能的影响. 钛工业进展，2011，(4)：28-31.
[5] 冯颖芳. 西工大用 3D 打印制造 3 米长 C919 飞机钛合金部件. 中国钛业，2013，(1)：24.
[6] 李福平，邓春林，万晶. 3D 打印建筑技术与商品混凝土行业展望. 现代零部件，2013，(3)：28.
[7] 古丽萍. 蓄势待发的 3D 打印机及其发展. 数码印刷，2011，(10)：64-67.
[8] 谷祖威，于慧. 3D 打印技术对汽车零部件制造业的影响. 现代零部件，2013，(9)：70.

第9章　3D打印在生物医学领域的应用

9.1 概　　述

3D打印制作过程包括铺层、喷涂和除粘接剂[1]。该技术在工业制造等领域被广泛应用。与传统制造方式相比，3D打印技术具有明显优势，无需设计模具，不必引进生产流水线，同时制作速度快，单个实物制作费用低。近几年，3D打印技术快速发展引起人们的广泛关注，是制造业发展的一个新趋势[2]。本章介绍该技术在医学领域的应用现状并提出展望与思考。

所谓的生物3D打印，首先面对的是生物医学的问题，以三维设计模型为基础，通过软件分层离散和数控成型的方法，用3D打印的方法成型生物材料，特别是细胞等材料的方法。生物3D打印是3D打印技术研究最前沿的领域，说到生物3D打印还有一个概念叫生物制造，这也是我国生物3D打印领域学者颜永年提出的一个概念。

3D打印技术所具有的快速性、准确性及擅长制作复杂形状实体的特性使其在生物医学领域具有广泛的应用前景。每个人的身体构造和病理状况均存在特殊性和差异化，与医学影像建模和仿真技术结合后，3D打印技术在人工假体和植入体的个性化制造、组织工程支架制造、组织器官的制造等方面具有独特优势。

为什么做生物3D打印。第一是生物医学领域的市场规模特别巨大。美国卫生部预测，到2018年美国在医疗方面的支出将达到GDP的20.3%。第二是生物3D打印在医学领域应用前景特别巨大。生物3D打印技术所具有的快速性、准确性，以及擅长制作复杂形状实体的特性使其在生物医学领域有着非常广泛的应用前景。每个人的身体构造、病理状况都存在特殊性和差异化，当3D打印与医学影像建模和仿真技术结合之后，就能够在人工假体、植入体、人工组织器官的制造方面产生巨大的推动效应。

如果3D打印技术被证实在医学领域确实可行，那将是对现代医学的一次颠覆。可以想象，心脏病患者可以方便地置换主动脉瓣，需要做器官移植手术的病人不再需要等待供体。打印材料方面，针对打印器官所需要的材料可能会是生物相容性水凝胶。这种材料包含光敏性的生物聚合物和细胞。打印原理简单来说，就是在光的照射下，聚合物变硬，并随着光照时间的增加而不断累积堆叠，直到组织的最终形成。

9.2　经典案例

9.2.1　医疗领域经典案例

目前 3D 打印在医疗领域最成熟的还是无生命介质的打印。无生命介质打印在器官打印方面的作用主要是为器官打印提供形状上的支持,如用生物胶打印人工耳、用羟基磷灰石打印人工骨骼等[3]。目前医药领域应用较多的无生命介质还有各种生物凝胶、糖类等,人类的组织和器官时刻都需要接受血液的供应,缺少血液供应的组织和器官不可能有正常的功能并存活。生物打印技术能制作出复杂结构并提供足够的血管化条件的物体[4]。

1. 助听器

3D 打印在生物医学领域最广泛的应用当属助听器(图 9-1 和图 9-2)。目前大概有 1000 多万个 3D 打印的助听器正在全球范围内流通。

图 9-1　3D 打印的助听器 1

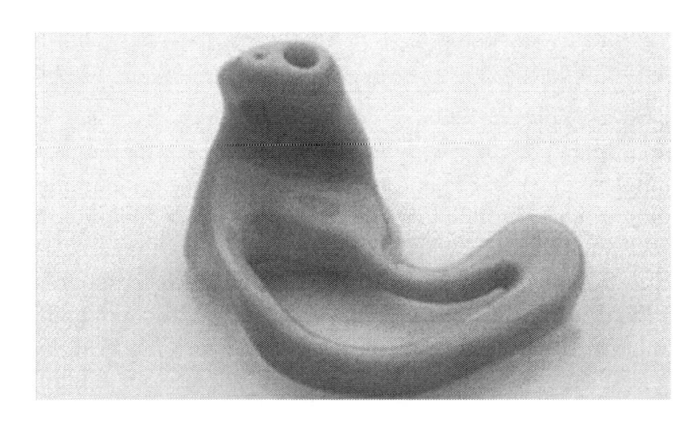

图 9-2　3D 打印的助听器 2

以前,助听器的生产工序由大约9个步骤组成,包括制作模具、耳朵印模和定型外壳等。助听器制造商聘请技工并建立手工坊来执行这个工序,这需要一周多的时间。通过这种工序制造出来的助听器基本上都是相同的,相似性反映在最终产品的尺寸上。它们有可能与耳朵刚好契合,也有可能因为太松而脱落。对于3D打印的助听器而言,尺寸定制不再是个问题。3D打印把工序减少为扫描、制模和打印。

在新的数字化工序中,听力矫治专家用3D扫描仪扫描耳朵,以便用激光器造出耳朵印模。扫描过程利用数字照相机创造10～15万个参照点,然后发送给技术人员或模型师,再把模板和几何形状应用到耳朵印模上。

技术人员会实验多种组合和几何模型,以便定做出适合特定客户群的助听器。然后,将助听器外壳用树脂打印出来,再装配必要的通气孔和电子器件。一旦技术人员完成建模,3D打印机就能迅速制造出助听器外壳。例如,Envision Tec公司的打印机可以在60～90分钟打印出65个助听器外壳或47个助听器模型。打印速度有助于制造商实现规模化和按需生产。另外,数字文件有助于模型师校准和重新利用耳朵印模来纠正错误。换句话说,3D打印机使快速的原型制造和批量生产成为可能。

2. 仿生耳

普林斯顿大学的科学家研制出了一种仿生耳,可以听到正常人类听力范围之外的无线电频率。研究人员使用技术精湛的3D打印机制造了仿生耳(图9-3),其中内置电子助听器。之前的仿生耳设计采用2D电子结构薄层制造。最新仿生耳的设计是将电子生物与3D交织体协同结合在一起。

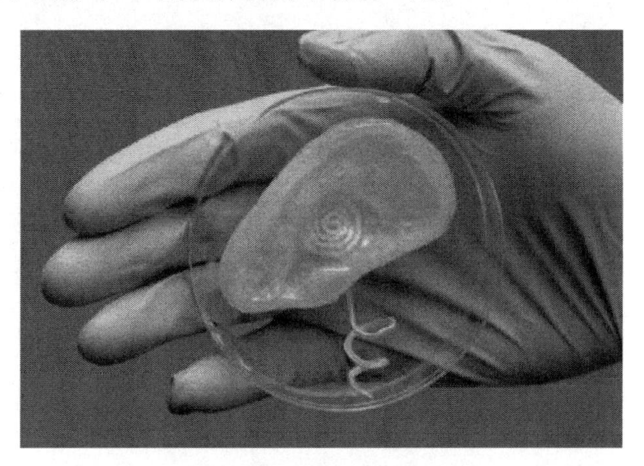

图9-3 3D打印仿生耳

尽管研究人员强调，这款 3D 仿生耳投入临床应用之前仍需要大量的测试。仿生耳产生的电子信号可连接至患者的神经末梢，达到类似助听器的作用。仿生耳可以接受无线电波，目前研究小组计划结合其他材料，如压敏电子传感器，它能够确保仿生耳识别声学信号。

3. 牙齿与牙齿矫正器

传统的种植牙，患者至少得去四五次医院，前后需要几个月，是一件又麻烦、又痛苦、又花钱的事，利用生物 3D 打印技术，种植牙可以变得简单轻松。

国内正在用生物 3D 打印技术完成补种牙(图 9-4)等口腔修复工作，目前已开始动物实验。

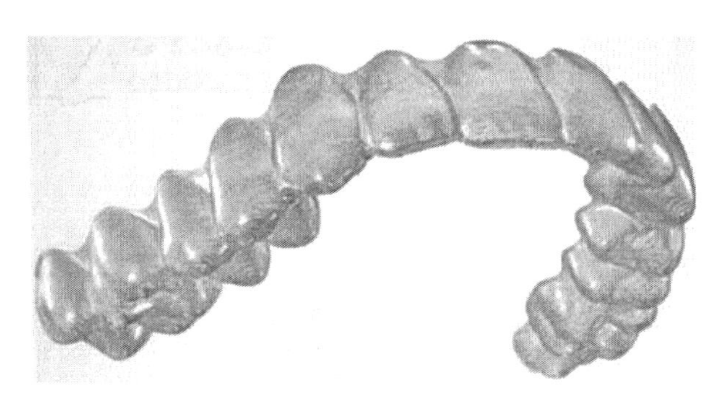

图 9-4　3D 打印牙齿矫正器

传统补种牙手术前，患者需要先等上几个月，等牙槽骨伤口愈合后在牙槽骨上打一颗固定牙齿用的“螺纹钉”，再过几个月才能在这个“螺纹钉”上安装义齿，整个过程持续时间长，患者每次来只能进行一个步骤，如果需要填补修复牙槽骨，那耗时就会更长。而采用新的生物 3D 打印一次成型技术，患者如需要补种植牙，只需要在医院的口腔门诊拍摄 X 光片，3D 数据可以同步传送到工厂，3D 打印设备立刻就能用骨质材料进行打印，牙冠部分和原来一样，并与两边牙齿紧密结合。即使加上中间的运输等过程，患者也可以在几天内就种上新牙。更重要的是，3D 打印的牙齿(图 9-5)有自己的牙根，与牙窝严丝合缝，无需额外填补骨材料，也无需制备植牙孔固定，几乎没有新的创伤，患者会觉得重新“长”出了一颗自己的牙，不但能种植一颗与之前几乎一模一样的牙齿，而且采用这种新技术的手术费用也大大降低。

4. 假肢

美国的两岁女孩 Kate 患有先天性的畸指，但家人不想让她接受外科手术。3D 打印技术给了他们另外一个选择——一只 3D 打印的手(图 9-6 和图 9-7)，而且这只“高科技”的手掌只需 5 美元。

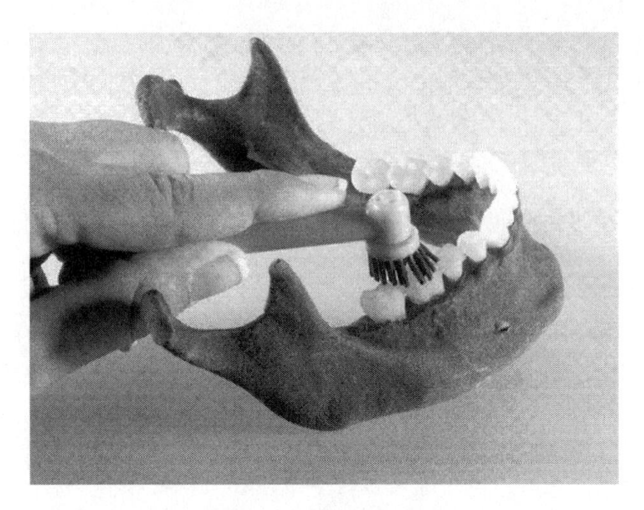

图 9-5　3D打印义齿

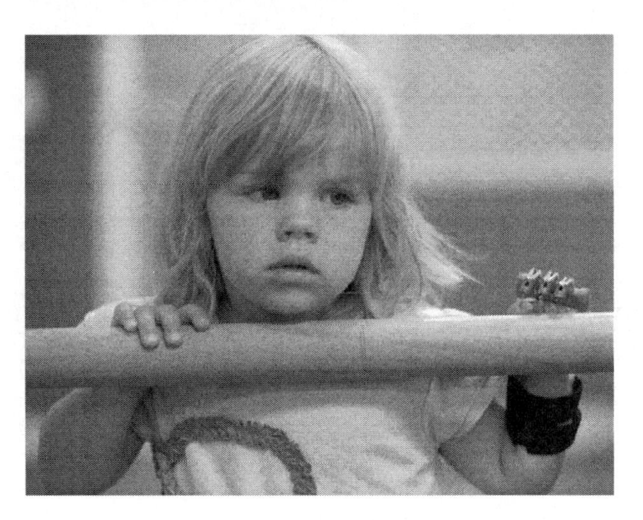

图 9-6　3D打印假肢

东京 Maker Faire 的新闻发布会上，一个团队展示了他们 3D 打印的义手——Handie。Handie 所有部件都是 3D 打印的，用户很容易根据自己的需要进行调整或者复制。开发人员还设计了一个独特的手指屈伸系统，为了降低电机的数量，他们开发了由一台电机驱动的三关节手指，可以根据物体的形状被动地改变它的轨迹，完成很多手的功能。

5. 人体骨骼

为了打印骨骼材料，博斯团队使用 ProMetal 3D 打印机进行测试。这种 3D

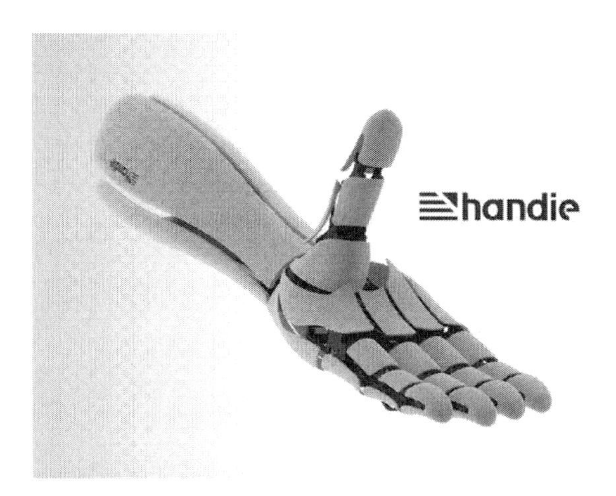

图 9-7　3D 打印义手——Handie

打印机逐层喷洒塑料胶粒在一层粉末基底之上并逐层成型。每一层厚度仅相当于人的头发丝宽度的一半。这种骨骼(图 9-8)支架的主要材料成分是磷酸钙,还额外添加了硅和锌以便增强其强度。当它植入人体内之后可以暂时起到骨骼的支撑作用,并在此过程中帮助正常骨骼细胞生长发育,修复之前的损伤,随后这种材料可以在人体内自然溶解。

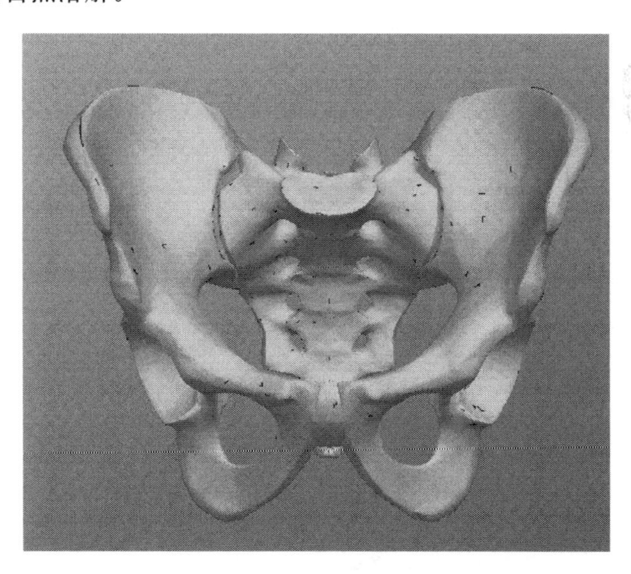

图 9-8　3D 打印人体骨骼

6. 3D打印笔

澳大利亚卧龙岗大学成功研发出一款手持 3D 打印笔(图 9-9),名为 BioPen,未来有望代替传统的外科手术。

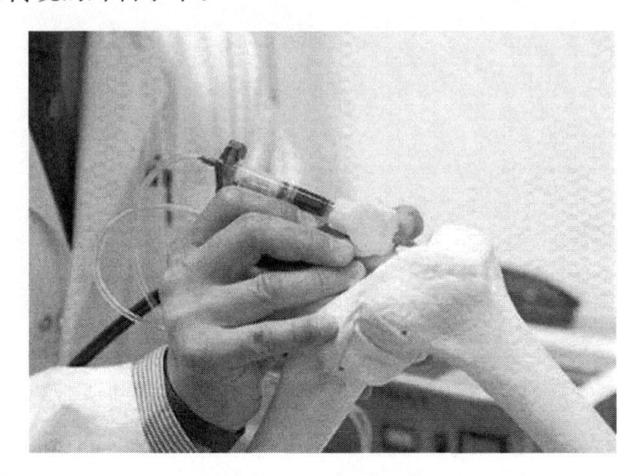

图 9-9　3D打印笔 1

有了 BioPen 手持 3D 打印笔(图 9-10),就可以在手术室直接给病人打印出骨骼。外科医生只要在患者身上“画画”就可以了。不同于普通打印机,BioPen 使用的是干细胞墨水,注入人体内可以分化为肌肉、骨骼或者神经细胞。一种特殊的基于海藻方式的增长机制可以促进细胞适应新环境并茁壮成长。同时,另一种高分子聚合物在使用 UV 紫外线光固定后可形成保护层,保护机体整个康复过程。

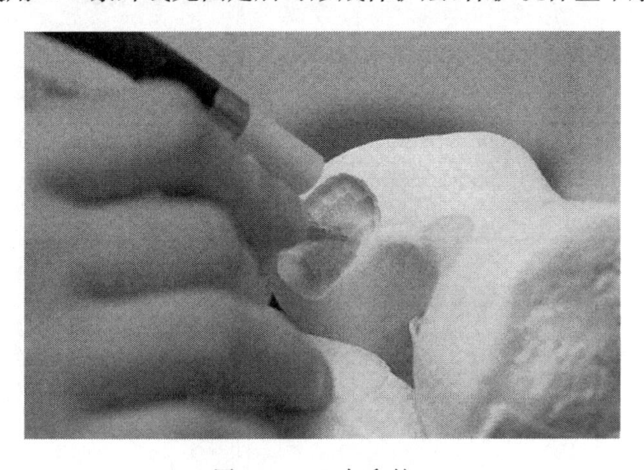

图 9-10　3D打印笔 2

7. 人体器官

据英国《独立报》报道：美国俄亥俄州一名男婴杰弗里多患有一种先天性怪病，无法自主呼吸，而医疗 3D 打印机(图 9-11)打印出的器官挽救了他的性命。

杰弗里多所患疾病被称为气管支气管软化症，通往心脏及肺部的主要动脉错位，气管受到压迫。密歇根大学生物医学工程师用 3D 打印机打印出 100 条类似真空吸尘器管的细小管道，再利用电脑激光技术，砌出一层层不同形状和体积的塑料薄层。随后，医生将其中一条管道植入杰弗里多的胸部，如同夹板撑开气管，让他正常呼吸。手术后 3 周，该通气装置便被拿掉，杰弗里恢复正常呼吸。

《悉尼先驱晨报》报道，一位左半边脸肿瘤的患者，在切除肿瘤后脸上就留下了一个洞。外科医生通过 3D 打印技术，扫描脸部并构建病人的脸部电子模型(图 9-12)，将其脸部缺失的部分补上，重现原来的面貌。

这种完美贴合的假肢可以快速的制造出来，而且还很便宜。

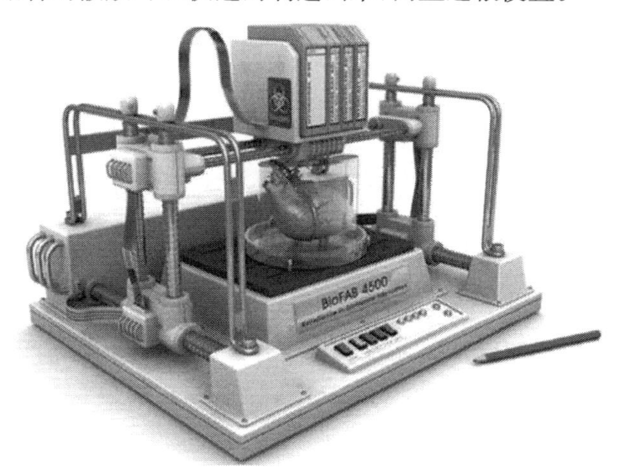

图 9-11　医疗 3D 打印机

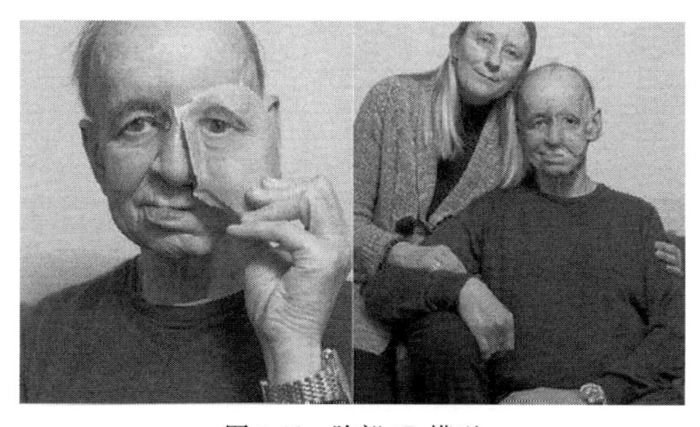

图 9-12　脸部 3D 模型

8. 人工肝脏

在美国的一支研究团队用糖建立了血管支架(图 9-13)之后,研究人员未来将造出人造肝脏。

图 9-13 血管支架 3D 模型

科学家花了很长一段时间研究用 3D 打印机打印细胞和血管,他们尝试将人工细胞一层层垒起来建立组织,但那些在人造结构上的细胞常在组织成型前就夭折了。尽管如此,这项通过 3D 打印机把糖作为建筑材料的技术,总有一天会被用于器官移植。

9.2.2 生物领域经典案例

目前众多试验已经证明,生物活性大分子,如蛋白质酶等,在普通的商业打印机上并没有因为其热效应影响蛋白质或者酶的功用。这种影响是微不足道的[5]。

在制药领域,众多细胞药物代谢细胞毒性试验可以通过细胞打印技术来完成,如药物的定量释放等,临床药物的使用必须经过的长时间的检测,采用 3D 打印技术实现对细胞因子、控制性药物释放,甚至脱氧核糖核酸的控制性修改,不良反应的检测等,就可以大幅度地缩短药物开发时间[5]。

1. 血管

德国弗劳恩霍夫研究所使用3D打印技术和一种称为多光子聚合技术，成功的打印出人造血管(图9-14)。打印时，打印机发出两束强激光，焦点对准同一分子。这个分子同时吸收两个光子，即所谓的多光子聚合。经过多光子聚合的分子变成一个有弹性的固体。这样，研究人员可以用它来制造高精度的弹性结构，也就是血管。通过这一过程打印出来的血管可以与人体组织相互沟通，不会遭到器官排斥。打印时使用的墨水是生物分子与人造聚合体。

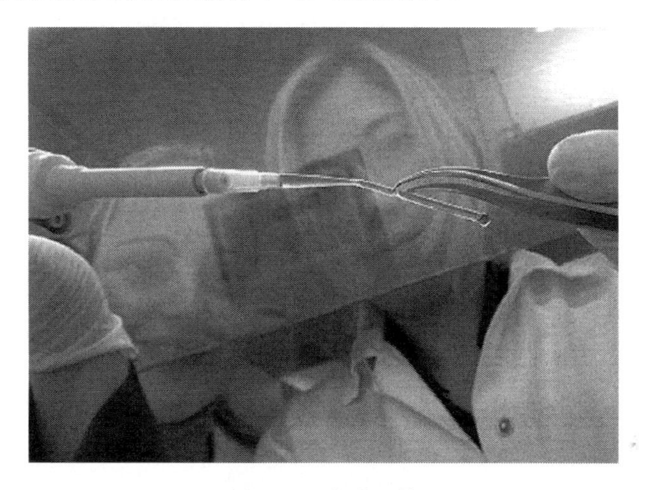

图9-14　人造血管

2. 皮肤

据报道，土耳其科学家已在利用3D技术复制人类皮肤(图9-15)的研究上取得重大突破。

这一技术已经在白鼠实验中获得成功，未来将实现临床运用。负责研究项目的拉兹奥卢博士表示，复制过程需要从患者身上取出一块皮肤样本，复制出来的皮肤可以及时治疗创伤部位。除了复制皮肤，拉兹奥卢博士还联合化学和生物方面的教学人员，在实验室环境下尝试培养人造骨。

3. 心脏

劳拉表示心脏副本(图9-16)对于练习复杂手术来说是非常理想的对象，使手术外科医生能够看清他们要进行手术的精确解剖情景。

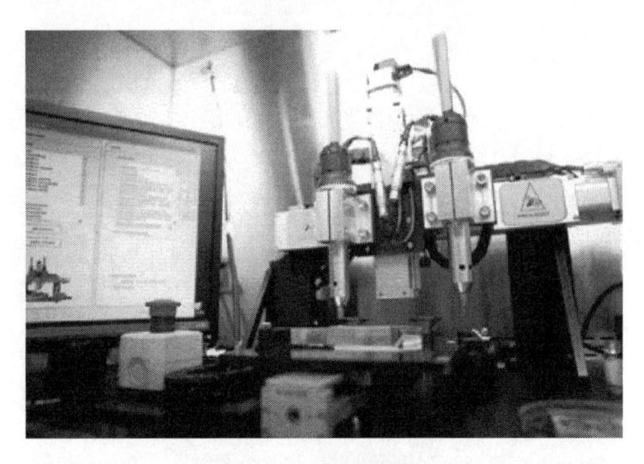

图 9-15　人造皮肤

图 9-16　人造心脏

美国一家儿科医学中心利用 3D 打印技术成功制造出全球第一颗人类心脏，这颗用塑料打印出的心脏可以像正常人类心脏一样跳动。

器官移植技术和免疫药物的开发使用，使得器官移植技术越来越走向成熟，目前可以非常成功地完成肝脏、肾脏、心脏、肺脏、胰腺等多器官的移植及联合移植，移植的效果也得到认可。但是器官的短缺始终难以克服，人们现在从机械器官、异种器官移植、组织工程和再生医学几方面来探讨，第四军医大学的团队已经成功地将克隆猪的肝脏移植到猴子身上，效果理想。目前已有学者通过干细胞在体外培养出自体细胞，播种于生物可降解的支架上从而生成相应的器官，虽然也有很多缺陷，但是至少可以作为尝试的方法。

9.3　小　　结

本章介绍 3D 打印在生物医学领域的经典应用,包括人耳、助听器、牙齿矫正器、肝脏、细胞、血管、皮肤、心脏等都可以用 3D 打印机打印出来,同时还介绍 3D 打印在医疗器械领域的最新科研成果。

参 考 文 献

[1] 颜永年. 基于快速原型的组织工程支架成形技术. 机械工程学报,2010,46(5):93-98.
[2] 高宏君. 3D 打印技术在器官移植中的应用设想. 器官移植,2013,(5):256.
[3] Xu T,Zhao W,Zhu J M. Complex heterogeneous tissue constructs containing multiple cell types prepared by inkjet printing technology. Biomaterials,2013,34(1):130-139.
[4] 李明利,于丛,李丹卉,等. 创伤性高位截瘫患者 2 种人工气道应用比较. 护理学报,2011(23):51-52.
[5] 郭少豪. 3D 打印:改变世界的新机遇新浪潮. 北京:清华大学出版社,2014.

第 10 章　3D 打印在教学领域的应用

3D 打印技术的普及也引起教育工作者的兴趣。2013 年版的《地平线报告》首次将 3D 打印的教育应用列入“待普及”的新技术清单，并对 3D 打印作了较为详细的介绍。

3D 打印对教学和学习的一项重要价值体现在它能够更加真实地呈现特定事物，并让学生获得深刻的感知体验，对于那些学校没有的标本或物体更是如此。尽管 3D 打印想要在基础教育中广泛应用尚需时日，但是要推断其未来可能开展的实际应用并不难。例如，在科学课、历史课上，学生可以制作如化石、文物之类的易碎品。通过快速原型设计和生产工具，学生可以打印出复杂的蛋白质和其他分子模型，这些与我们看到的 3D 分子设计模型库中的展示十分类似[1]。

10.1　3D 打印机逐渐走入中学课堂

在现实的教学活动中，生动的 DIY 和立体化的授课方式正在受到越来越多的学生欢迎。学生可以根据自己的创意，借助 3D 打印机实现创意立体化(图 10-1～图 10-4)。应该说，在科技和信息化越来越发达和完善的今天，DIY 教学将是未来的一种趋势，而且随着教育界对课堂生动性呼声的不断提高，3D 打印技术也将会在未来越来越多地得以普及。

图 10-1　学生们正在自主 DIY 模型

图 10-2　学生完成的小音箱模型半成品

图 10-3　城堡造型的小音箱模型成品图

图 10-4　上色后的小音箱成品图

10.2　3D打印机在高教中应用

近年来，很多高教专业在摸索着创新教学模式，把3D打印系统与教学体系结合。一方面，3D打印机可以提高学生在掌握技术方面的优势，提高学生的科技素养。另一方面，利用3D打印机打印出来的立体模型，可以显著提高学生的设计创造能力。目前在教学中应用最普遍的是SLA和FDM（图10-5）两种3D打印技术。

图10-5　3D打印机(FDM)

SLA主要用于制作模型，在国外大学教学中使用的比较广泛、成熟度高，由CAD数字模型直接制成原型，加工速度快、产品生产周期短，测无需切削工具与模具，能降低错误修复的成本，可以加工结构外形复杂或使用传统手段难于成型的原型和模具，也可以联机操作和远程控制。但是，同时存在系统造价高昂，使用和维护成本过高，对工作环境要求苛刻。成型件多为树脂类，强度、刚度、耐热性有限，不利于长时间保存。此外，预处理软件与驱动软件运算量大，软件系统操作复杂，入门困难。

FDM主要采用丝状材料（石蜡、金属、塑料、低熔点合金丝）作为原材料，市场上采用FDM技术较为普遍。FDM的优势有操作环境干净、安全，可以在办公室环境下进行；表面质量较好，易于装配，可以快递构建瓶状或中控零件；原材料以卷轴丝的形式提供，易于搬运和快速更换，材料费用低；可以选用多种材料，如可染色的ABS和医用的ABS、PC、PPSE等，材料利用率高。存在的技术缺陷主要有精度较低，难以构建结构复杂的零件；做小件或者精细件时不如SLA技术，最高精度

0.127mm；与截面垂直的方向强度小；成形速度相对较慢，不适合构建大型零件。

随着 3D 打印机逐步降低门槛及应用领域的扩大，3D 打印机已经进入基础教育领域（图 10-6）。

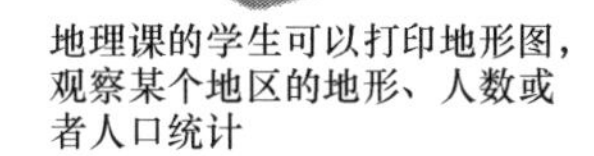

图 10-6　3D 打印在基础教育领域应用

3D 打印机在欧美大学里几乎是设计物理模型必不可少的工具，主要有以下应用有。

① 机械工程学院的学生可以完整地将电脑中的数字影像转换为实物模型，评估自己的设计成果。

② 建筑工程学院的学生可以将一栋建筑物模型分批打印，然后组装成型。这样就可以不单将学生的设计模型平面展示，而是以三维的方式呈现出来。

③ 工业设计学院的学生可以制造出任何复杂的模型。这些模型可以沙磨和喷涂处理作工业模型使用。

④ 美术专业学院的学生可以将设计的美术模型打印出来，并从人们的评论反馈中继续提高自己的设计水平。

⑤ 生物医药学院的学生可以打印出全色彩的三维模型。这样就可以根据彩色三维模型准确地判断研究课题的方向。

10.3　3D 打印提升 SCAD 的设计教学水平

萨凡纳艺术与设计学院（SCAD）以“创造性职业的启航大学”著称。为了促进专业经验的积累，学校与许多顶尖公司和机构展开了密切的合作。这些合作的形式通常都为企业赞助。这便为学生创造了参与现实项目的机会，能够为真正的客户解决实际的问题。这些项目包括施工设备(JCB)、移动打印设备(Hewlett-Packard)、玩具(Fisher Price)、服装及配件,以及许多其他项目。

1. 快速原型制作实验室中的3D打印

萨凡纳艺术与设计学院最著名的设施之一就是快速原型制作实验室。该实验室拥有十多台 Stratasys 3D 打印机[2]。实验室的 3D 打印机和其他设备均向学生开放,这对于潜在感兴趣的学生是一个巨大的诱惑。

2. 3D打印融入设计课程

最初的计算机辅助设计课程只是教授如何使用 CAD 软件。如今,每堂 CAD 课程都包含实际 3D 打印环节,可将学生设计的模型打印出来,即使工作室课程也可能会要求学生对自己的设计进行 3D 打印。

3. 3D打印机对设计学生的好处

从教学者的角度,首先一个好处就是在后勤方面。与传统的机械加工车间设备相比,3D 打印设备更简单、更安全。此外,与原型制造车间进行作业相比,所需的时间也更少,这一点尤为重要。通过使用 3D 打印机可大幅简化建模和生产过程。不但制作速度加快,而且质量也得到提高。学生的设计不再受到机加工车间内设备操作知识的限制。他们的成果创新性更强、更为复杂和精确,同时呈现的效果也更好。

4. 使用3D打印机所能带来的好处

学生可以感觉到自己正在接受最前沿技术的培训,正在使用最尖端的设备。

3D打印与课程的紧密结合可以为学生创意提供极大的自由。此外,利用3D打印技术,学生还可以用以往技术无法实现的方式延伸和扩展原有的设计。学生不用再担心自己的设计会因过于复杂而无法生产,甚至无法制作出原型。只要能够建模,就可以制作,整个过程十分简单,即从构想到计算机,再到现实模型。

5. 从实验室到商店货架

秉承面向就业原则,SCAD 建立了一项产品开发风险投资,用以发展和推广有才华的学生、校友和教师的作品。挑选出的特定产品将被推广,并在世界范围内的零售店中上架销售。一个学生项目的例子就是克里斯蒂钟表系列(图 10-7)。

图 10-7　克里斯蒂钟表系列

6. 继续向设计课程中融入 3D 打印

通过提供更多的选择扩展技术和材料的种类,学生可以真正地根据具体任务进行定制的 3D 打印。

毫无疑问,通过 3D 打印技术,学生正在学习掌握面向未来的设计。3D 打印不但能提升模型的品质,更能提升设计师的素质。

10.4　3D 打印机可以引发教育革命化

3D 打印机将使世界各地的教师可以节省大量的金钱,同时得到他们想要的课堂(图 10-8)。

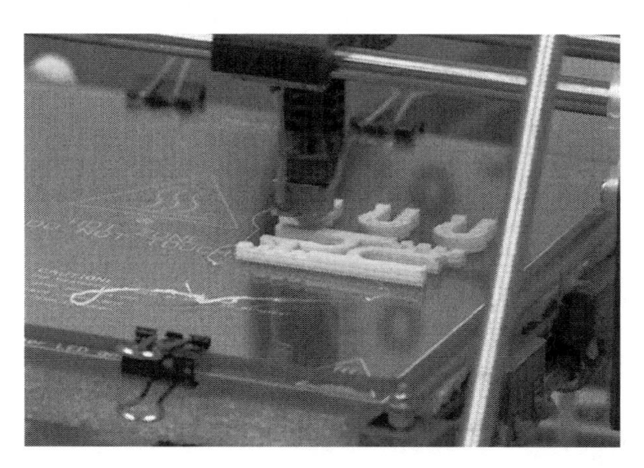

图 10-8　3D 打印机存储多个薄层塑料和其他材料几乎有无限多种设计

10.5　3D 打印的新水平

不同于传统使用的无生命的材料，打印组织材料需要不同类型的介质，是一套独特的挑战(图 10-9)。虽然 3D 打印作为一个原型工具有一定的优势，但仍然落后于更传统的制造方法，当它涉及大规模生产项目时，其优势就是解锁人类的创造力，单独和合作的一个工具。

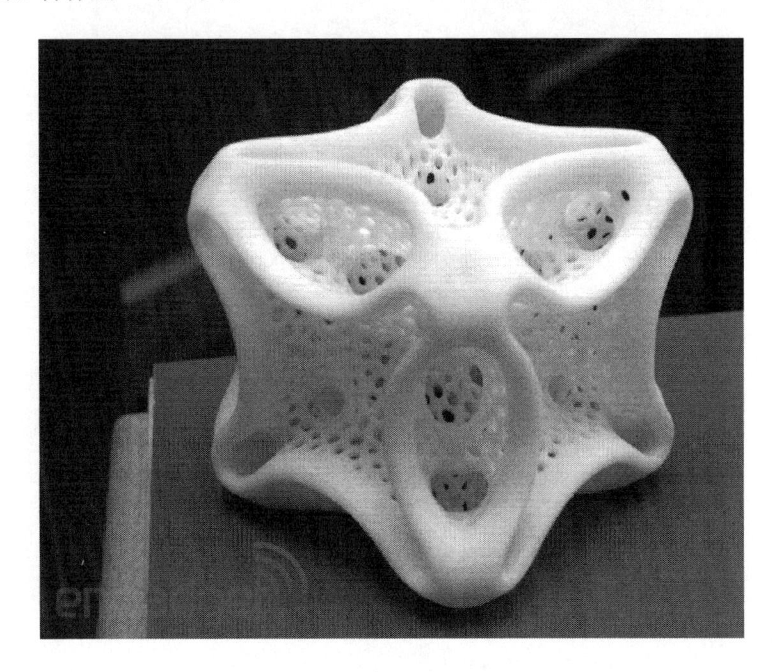

图 10-9　3D 打印的模型分子

10.6　EDUTECH：澳大利亚布里斯班

3D 打印班不仅帮助发展学生的想象力、3D 设计和建模能力，同时也帮助澳大利亚保持世界领先的设计和制造[3](图 10-10)。

参与 F1 Challange 的学校使用 3D 打印技术，以培养他们的汽车设计能力(图 10-11)，他们用 3D 打印模型进行风洞试验优化设计，与赛车队产品的研发过程完全相同(图 10-12)。3D 打印机是必不可少的工具，学习 3D 制造和产品设计可以帮助学生获得关键的设计技巧。

图 10-10　学生应用 3D 打印设计模型作品

图 10-11　导师耐心的指导学生

图 10-12　3D 打印的赛车模型

10.7 3D印刷实验室

2013年2月,阿卜杜勒·萨拉姆国际理论物理中心,在意大利里雅斯特的3D打印实验室揭牌成立。

该实验室旨在帮助科学家和培训目标受众,以及高中学生。另一个目标是激发创造力,并将其纳入新思路教育和研究(图10-13)。

图10-13 3D打印的可生物降解的塑料剪刀

10.8 3D印刷在芝加哥艺术学院的探索

芝加哥对象程序设计艺术学院创建了世界上的第一个配备个人3D打印机的课堂(图10-14),鼓励11名学生打印出包括眼前的、临时的、短暂的和未来的一些设计作品(图10-15)。

这11名学生专业包括建筑、工业设计和空间设计、电视/电影制作、文学/写作、文科等。他们收到3D打印的任务,直接与打印机接触(图10-16),不受专业的限制[4],打印出1∶1的象模型(图10-17)。

图 10-14　芝加哥对象程序设计艺术学院 3D 打印机课堂

图 10-15　简易的 3D 打印机让学生们感受 3D 打印技术

图 10-16 学生亲手操作 3D 打印机

图 10-17 1∶1 比例的 3D 打印机

10.9 3D 打印在学习环境中扮演的角色

3D 打印大都还处于前期探索阶段,并未真正投入日常教学。根据其在学习环境和学习活动中所处的地位,主要扮演以下三种角色。

① 作为教学目标和学习内容,要教会学生如何设计、如何建模、如何使用 3D 打印机。我国已经制定了相应的发展策略,旨在促进信息产业和工业的深度融合。制造企业的数字化、信息化改造,需要大量熟悉先进制造技术的操作人员。随着国家大力发展 3D 打印技术的各项措施和政策的出台,未来将涌现大量掌握 3D 打印技术的各类人才,这将提供巨大的就业和创业机会。目前,已有一些职业院校开始开发此类专业和课程。

② 作为教学工具或学习工具，起到"效能工具"的作用。利用3D打印制作教学用具，或是把它作为快速实现工具，是目前3D打印在教学中最主要的用途。国内一些高校已经为工业设计专业的实验室配备了3D打印机，学生在设计室内就可以把自己的设计转化为作品，并随时调整和改进[5]。

③ 作为教学环境，起到"认知工具"的作用。针对需要制作模型的课程，3D打印可以作为小组协作探究环境的一部分，承担对创意和技术方案进行快速验证的任务，促进学生创造力的培养和社会性认知。例如，某小学的物理课上讨论力学问题，学习小组设计了各种桥梁模型构造的方案，并将设计打印成实物，检验设计的承压能力。

在大部分3D打印课程案例中，3D打印技术本身并不是课程的重点。这类课程采用项目的形式，主要目标是将抽象的概念变成有趣的问题，进而帮助教师和学生掌握抽象概念[6]。

10.10 小结

本章介绍3D打印在教学领域的经典应用，包括教学仪器、教学模具等。可以预见，在不久的将来，3D打印技术将为我们的课堂带来新鲜、刺激的教学道具，并大大提高学生的动手能力和求知欲。对3D打印技术的研究有助于我们把握和预见技术在教学领域中的应用方式和应用前景，并进一步探讨如何充分发挥新技术的特点和优势。

总的来说，3D打印有利于学习过程和学习活动的开展，其优势在于帮助创设丰富的学习情境，有利于学生将知识和实践相结合。此外，它能够解决教育机构的一些健康和安全问题。譬如，随着3D打印的应用，制作出原型或单个产品很容易，而且清洁、绿色。

参考文献

[1] 李青，王青. 3D打印：一种新兴的学习技术. 中国远程教育，2013，(4)：34.
[2] 徐旺. 3D打印：从平面到立体. 北京：清华大学出版社，2013.
[3] 胡迪·利普森. 3D打印：从想象到现实. 北京：中信出版社，2013.
[4] 郭少豪. 3D打印：改变世界的新机遇新浪潮. 北京：清华大学出版社，2014.
[5] 汤会琳，辛小林. 齐莫曼自主学习理论视角的远程教育个别化学习实现探讨. 现代远程教育研究，2011，(6)：67-70.
[6] University of Huddersfield. 3D Printing Opens Educational Doors for the School of Art & Design. http://www.cad-house.co.za/projetreg-86opro.htm[2013-05-22].

第 11 章 3D 打印实战

11.1 如何选择 3D 打印机

3D 打印已经不仅仅是原型设计。从最初的概念设计到最终的产品生产,以及此过程涉及的所有环节——3D 打印将为创作的每个阶段带来变革性的便利。

几年前,只有少数的专业设计工程师使用个人 3D 打印技术,而且往往仅限于概念模型和一些原型的打印。3D 打印一度被认为是新颖的奢侈品,然而事实证明 3D 打印技术能产生长期的战略价值,可以提高从概念设计到产品制造的能力,并缩短产品上市时间。许多龙头企业已经开始应用 3D 打印技术,在短时间内评估更多的概念,从而在产品研发早期做出最佳的决策。无论产品大小,随着设计过程的向前推进,每个阶段都会对技术方案进行迭代测试以指导决策,旨在改善性能、降低成本、提高质量,推出更成功的产品。在预生产阶段,3D 打印技术能够更快地制造第一批样品,提供给市场营销和早期采用者。在最终生产过程中,3D 打印技术为越来越多的行业带来更高的生产力、经济的个性化定制,更优的质量和更高的效率[1]。

11.1.1 根据产品的制作需求来选择符合需求的 3D 打印机

从众多品牌和型号中选择合适的 3D 打印机,似乎是一项艰巨的任务。数据转变成实物的打印技术,在各台打印机之间存在巨大的差异。今天的 3D 打印机可以使用各种材料,这些材料在结构属性、特性定义、表面光洁度、耐环境性、视觉外观、准确性和精密度、使用寿命、热性能等方面各不相同。重要的是要先确定 3D 打印的主要应用,这才能引导选择合适的技术。

早期设计决策往往影响之后的设计和工程活动,而概念模型将有助于做出最佳的早期设计决策。选择正确的设计思路可以降低研发阶段的调整造成的昂贵成本,缩短整个开发周期,使产品更快上市。无论是设计新款电动工具、办公配件,还是设计建筑、鞋子、玩具,3D 打印都是评价设计理念的理想方式,从而做出最优的选择(图 11-1)。

在创作的早期阶段,如果能用合理的成本费用制作仿真模型而无需实现其功能,从而快速评估众多设计方案,那是最理想的。通过视觉和触觉来共同感受不同的设计理念,实现更快、更有效的决策分析。对于大多数概念建模应用来说,选购 3D 打印机时需要关注的是打印速度、零部件成本和打印输出的仿真程度。概念产品模型如图 11-2 所示。

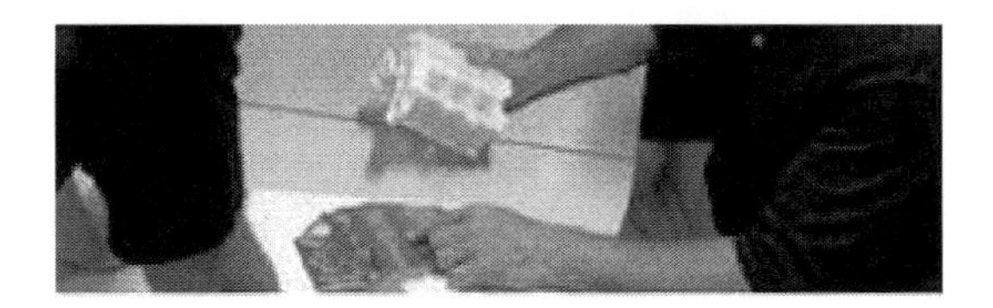

图 11-1　早期设计

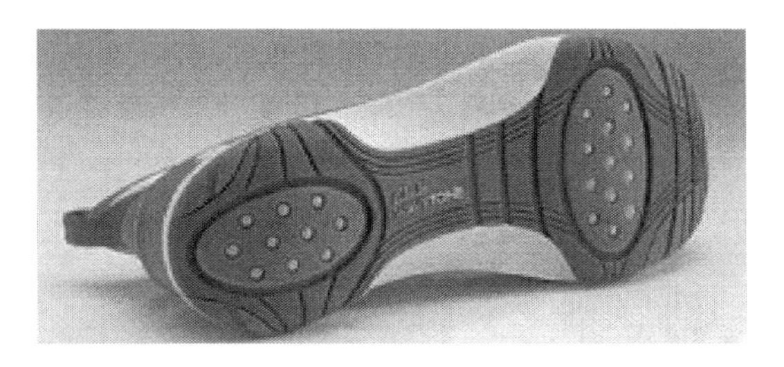

图 11-2　概念产品模型

产品设计初步成型时(图 11-3),设计师需要验证各个设计元素以确保新产品达到预期效果。个人 3D 打印使设计验证成为一个迭代过程,在整个设计过程中,设计师识别并解决每个设计挑战,促成新的发明或者快速识别设计修改的必要性。

图 11-3　产品设计初步成型

类似的应用可能包括造型和调整、功能特性、装配验证等。验证模型(图 11-4)提供了实际动手操作的机会,这样的反馈可以迅速证明设计理论。对于验证应用而言,零部件应能提供真实再现的设计性能。材料特性、模型精度和最小细节分辨率,是在选购 3D 打印机进行验证应用时需要重点考虑的属性。

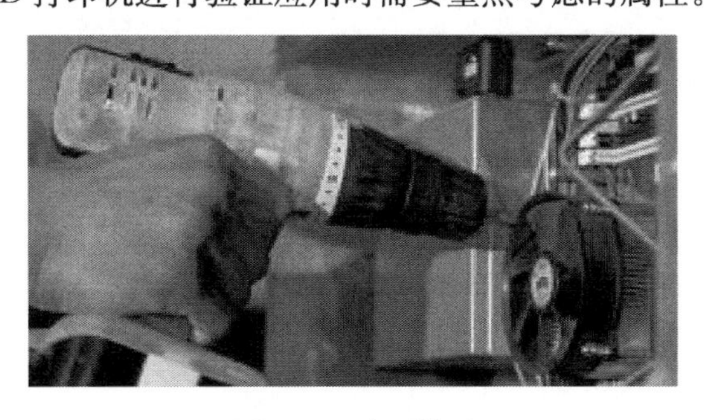

图 11-4　验证模型

随着产品研发进入最终设计阶段，注意力迅速转向生产启动阶段(图 11-5)。这一阶段往往涉及制造新产品必需的设备和材料。这些必要的投产准备时间可能导致上市时间延后，而 3D 打印可以从各方面降低投资风险，缩短产品推出的时间周期。

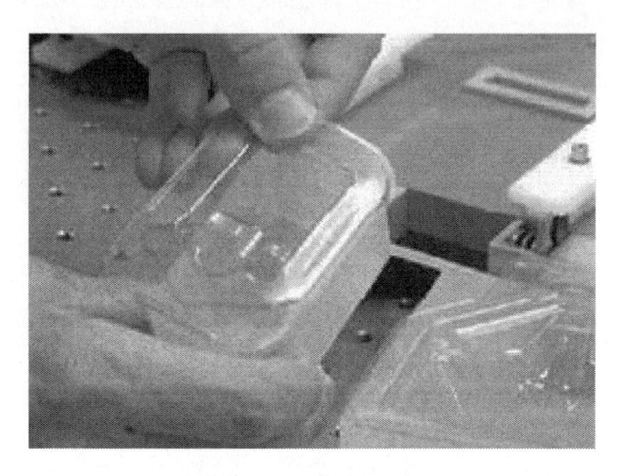

图 11-5　生产启动阶段

预生产阶段，打印材料的功能特性是至关重要的。为了保证最终产品质量达标，且制造模具不需要昂贵和费时的返工，准确度和精密度也非常重要，如图 11-6 和图 11-7 所示。

图 11-6　准确度

一些 3D 打印技术几乎可以打印任何几何形状(图 11-8)，不受传统制造方法固有的限制，因此设计师可以获得更多的设计自由，达到产品功能的新水平。通过取消时间和劳动密集的生产步骤，同时减少传统消减制造工艺导致的原材料浪费问题，实现制造成本的降低。

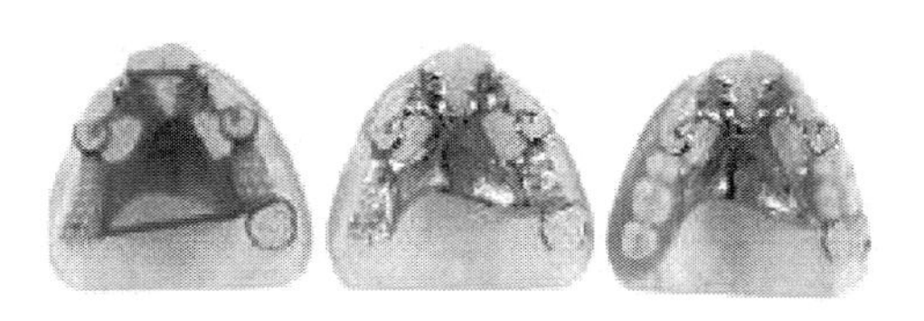

图 11-7　精密度

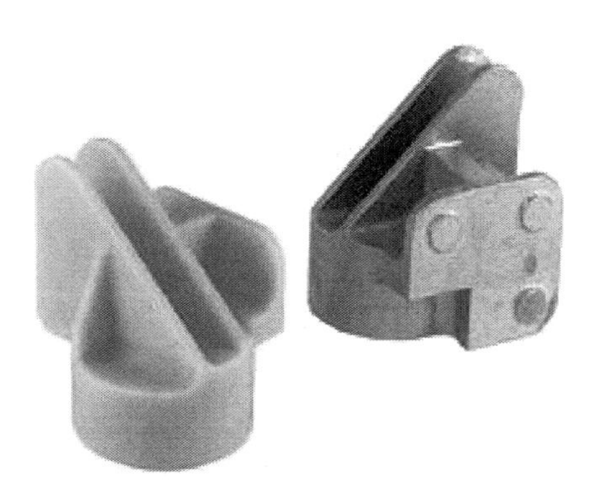

图 11-8　3D 打印技术打印的几何形状

对于制造应用而言，3D 打印机的关键属性是高准确度和精密度，并且能按应用需求提供相应工程领域的专业打印材料(图 11-9)。医疗和牙科应用的打印材料可能需要满足特殊的生物相容性要求[1]。

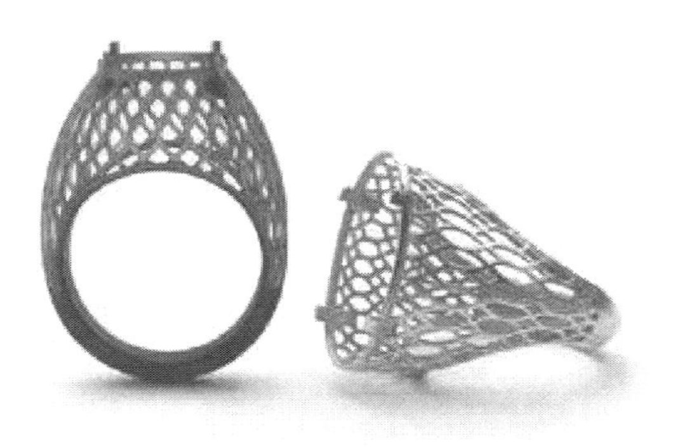

图 11-9　专业打印材料

11.1.2　根据打印机的性能参数来综合判断选择合适的打印机

适合的 3D 打印机要根据应用需求和能够提供最佳综合价值的关键性能指标进行选择。可重点考虑以下这些具体的性能属性，比较预备购买的 3D 打印机。

1. 打印速度

因供应商和实现技术的不同，打印速度的含义不尽相同。打印速度可能是指单个打印作业在 Z 轴方向打印一段有限距离所需的时间。拥有稳定垂直构建速度的 3D 打印机通常采用这种表达方式。垂直构建速度快，且因部件几何形状或打印部件数而产生很少或不产生速度损失的 3D 打印机，是概念建模的首选，因为这类打印机能够在最短的时间内快速生产大量替换部件。

另一种描述打印速度的方式是打印一个具体部件或者具体体积所需的时间。采用此描述方法的打印技术通常适用于快速打印单个简单的几何部件，但遇到额外的部件被添加到打印作业中，或者正在打印的几何形状复杂性和(或)尺寸增加时，就会出现减速。由此产生的构建速度变慢，会导致决策过程的延长，减弱个人 3D 打印机在概念建模方面的优势。然而，打印速度始终是越快越好，对概念建模应用而言更是如此[2]。

2. 部件成本

部件成本通常表示为每单位体积的成本，如每立方厘米的成本。即使是同一台 3D 打印机，打印单个零部件的成本也会因为几何形状的不同而相差很大。根据常用的典型零部件 STL 文件包来估算部件成本，往往更有助于决定用户期望的部件成本。为了准确地比较不同供应商声称的参数值，有必要了解成本估算的构成。

一些 3D 打印机厂商的部件成本仅指某特定数量打印材料的成本，而且这个数量只是成品的测量体积。这种计算方法并不能充分体现真实的部件打印成本，因为它忽略了使用的支撑材料、打印工艺产生的过程损耗及打印过程中使用的其他消耗品。各种 3D 打印机的材料使用率有显著的差异，因此了解真实的材料消耗是准确比较打印成本的另一个关键因素。

部分成本取决于 3D 打印机打印一组既定部件所消耗的材料总量和使用材料的价格。通常使用粉末材料的 3D 打印技术部件成本最低。廉价的石膏粉是基础建模材料，未使用的粉末会不断地在打印机中回收和再利用，因此其部件成本可以达到其他 3D 打印技术的三分之一到二分之一。

有一类塑料部件技术仅使用一种消耗材料，既用于打印部件所需，也用于印刷过程中的支撑需要。相比其他塑料部件技术，它通常使用较少的材料作为支撑材料，因此其产生稀疏的支撑结构，而且很容易被清理。大多数单材料 3D 打印机不会产生大量工艺废料，这使其具有极高的材料性价比。

另一类塑料部件技术需要使用专门的支撑材料，但材料售价不高。这类支撑材料需要在打印完成后通过熔化、溶解或加压喷水的方式清理。比起前者，这类技术往往使用大量的材料用于打印支撑结构。可溶解的支撑材料需要高强度、腐蚀性化学物质进行特殊处理和清洁措施，如喷水清理方法。此外，卡在凹槽处的支撑材料可能由于喷不到而无法清理干净。能最快、最有效地清理支撑材料的，是采用蜡作为支撑材料的 3D 打印机，通过熔化方式进行清理。可熔化的支撑材料只需要一台专门的整理烘箱就能进行快速、批量清洁，使用最少的劳动力，且不对物体表面施压，因此不会对脆弱的细节处造成损坏。

此外，一些受欢迎的 3D 打印机在打印过程中会将昂贵的构建材料融入支持材料，共同进行支撑，这就增加了打印过程中消耗材料的总成本。这些打印机通常还会产生大量的过程损耗，因此在打印同一组部件的情况下，会比其他打印机使用更多的材料[3]。

3. 最小细节分辨率

分辨率是 3D 打印机最令人困惑的指标之一，应谨慎使用。分辨率可以写成每英寸点数(DPI)、Z 轴层厚、像素尺寸、束斑大小和喷嘴直径等。尽管这些参数有助于比较同一类 3D 打印机的分辨率，但是很难用来比较不同的 3D 打印技术。最好的比较策略是亲自用眼睛去鉴定不同技术打印出来的部件成品，查看锋利的边缘和拐角清晰度、最小细节尺寸、侧壁质量和表面光滑度。使用数字显微镜有助于部件成品的鉴定，对 3D 打印机进行鉴定测试时，至关重要的是打印部件能否准确地呈现设计效果。

4. 准确度

3D 打印通过层层叠加的方式制造部件，将材料从一种形式处理成另一种形式，从而创造出打印部件。处理过程可能会出现变数，如材料收缩——在打印过程中，必须进行补偿以确保最终部件的准确度。粉末材料的 3D 打印机通常使用黏合剂，打印过程拥有最小的收缩变形度，因此成品准确度往往较高。塑料 3D 打印技术一般通过加热、紫外线光或二者共用来处理打印材料，这就增加了影响准确度的风险因素。其他影响 3D 打印准确度的因素还包括部件尺寸和几何形状。有些 3D 打印机提供不同程度的打印准备工具，可以为特定的几何形状细调准确度。制造商宣称的准确度一般是指特定测试部件的测量值，实际情况会因部件的几何形状而有所不同，有必要先确定准确度，然后使用该应用涉及的几何形状进行测试打印。

5. 材料属性

了解预期的应用和所需材料的特性，对于选择 3D 打印机来说很重要。每种技术各有短长，都应作为选择个人3D打印机的考虑因素。对宣传中声称的可用材料数量应谨慎考察，因为并不能保证所有的可用材料都能实现真正需要的使用性能。

对于概念建模应用来说，实际的物理特性可能没有部件成本和模型外观那么重要。概念模型主要用于可视化效果的沟通，可能使用后很快就被丢弃。验证模型可能需要模拟最终产品的效果，需要实现与最终生产材料接近的功能特征。快速生产应用的材料可能需要具有可铸性或耐高温。最终使用的零部件一般需要在较长的时间内保持牢固[4]。

每种3D打印技术都受限于具体的材料类型。对于个人3D打印，材料大致可分为非塑料、塑料、蜡这几类。非塑料材料常使用石膏粉与可打印的黏合剂，部件成品紧密而坚硬，可以通过浸润变得非常牢固。这类部件可以表现优秀的概念模型，在没有弯曲性要求的情况下提供一定程度上的功能测试。塑料材料可以柔软，也可以坚硬，有些还具有高耐温性。透明塑料材料、生物相容性塑料材料、可铸性塑料材料均有销售。不同技术制造的塑料部件性能差异很大，这在厂家公布的规格上可能并不显而易见。一些3D打印机制造的部件会随着时间的推移或环境的不同而持续改变特性和尺寸。

3D Systems公司的新型"混合"3D打印机结合了经过验证的光固化性能和个人3D打印机的易用性。这类3D打印机可以提供较广的塑料材料范围，单台3D打印机就可实现ABS、聚丙烯和聚碳酸酯塑料打印。可以简单、快速和经济地进行材料更换，一台3D打印机就可以实现广泛的塑料应用。

6. 色彩

目前有三类彩色3D打印机，可选颜色的打印机同一时间只能打印一种颜色。基本色打印机，可以在一个部件上打印几种颜色。彩色打印机可以在单个部件上打印数千种颜色。目前只有3D Systems公司的ZPrinter能实现全彩打印，达到与3D打印模型一致的颜色，包括彩色文档打印机能呈现在纸张上的390 000种颜色及几乎无限的色彩组合，因此能打印出令人难以置信的逼真模型。除了能在正确的位置显示相应的逼真色彩，ZPrinter可以直接在模型上打印照片、图形、标志、纹理、文本标签、有限元分析结果等。

11.2 如何选择打印耗材

11.2.1 常用的打印材料

根据3D打印的原理，只要给3D打印机使用与模型相同的材质，就能打印出与模型几乎一模一样的东西。

从 3D 打印的原理来说，3D 耗材的扩展决定了 3D 打印机的能力范围。目前主要为塑料丝、金属丝、石膏粉等。这些材料就精度和应用范围来说，都还停留在模型的制造上，其更大价值还没有完全发挥出来。

目前普遍用来测试的 3D 打印机采用的耗材是 ABS 塑料丝。它具有无毒、无味、价格低等特点。这台打印机采用的是熔积成型的技术，整个流程是将一根粗的塑料绳，在喷头内熔化成液体，一层层沉积塑料纤维成型。由于这种塑料丝要经过熔化后再冷却，模型是通过一层一层的堆砌而成，加上热胀冷缩的原理，所以在精度控制上并不是很高，模型也比较粗糙[5]。

相对而言，使用粉末微粒作为打印介质（石膏粉）的 3D 打印机，打印的模型更精细一点。它的工作原理是将粉末微粒喷在铸模托盘上形成一层极薄的粉末层，然后由喷头喷出的液态黏合剂进行固化。

目前精度比较高的是采用激光烧结熔铸技术的 3D 打印机。例如，Objet 3D 打印机使用光敏树脂耗材，这是一种遇紫外线照射会立刻变硬的特殊材料。在电脑三维数据图像的控制下，打印机的 6 个喷头以 16 微米的厚度，一层层喷出液态材料，物体的部分使用光敏树脂，其余部分则喷出填充材料，每喷一层，就进行一次紫外线照射，液态材料随即变硬，使用的材料不仅昂贵，其打印方式也十分复杂[2]。

虽然 3D 打印机的耗材还并不是很丰富，但已经能打印出很多令人惊讶的东西了，从吃的到用的，再到医学上的心脏、血管等。下面列举几个离我们比较近的案例（图 11-10～图 11-12）。

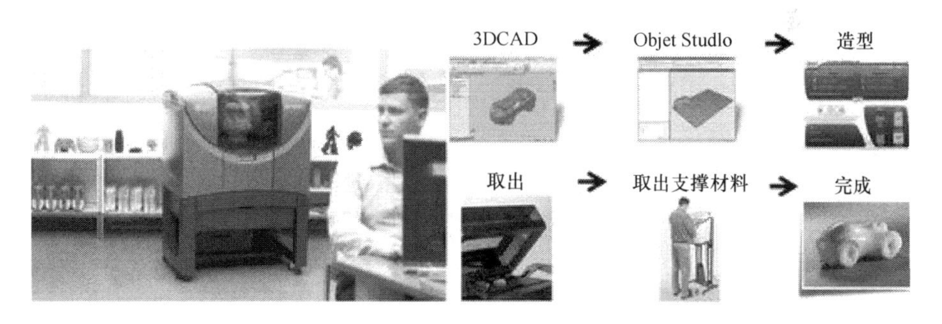

图 11-10　Objet 3D 打印机工作的步骤图

目前已经有人自制出食品 3D 打印机，打印的原料就是砂糖。CandyFab 4000 砂糖 3D 打印机由 Evil Mad Scientist Laboratories（邪恶科学家实验室）制作完成，CandyFab 打印机现在能打印 5～20ppi 精度的图像，但是仅能用于食物内容，因为它的工作原理是喷射加热过的砂糖（图 11-13～图 11-15）。

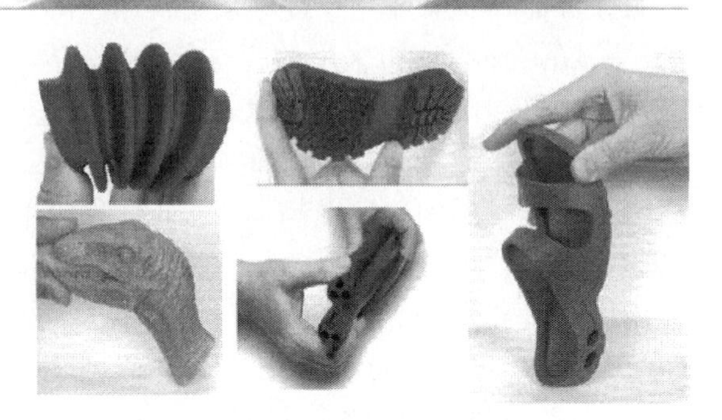

图 11-11　Objet 3D打印实物图

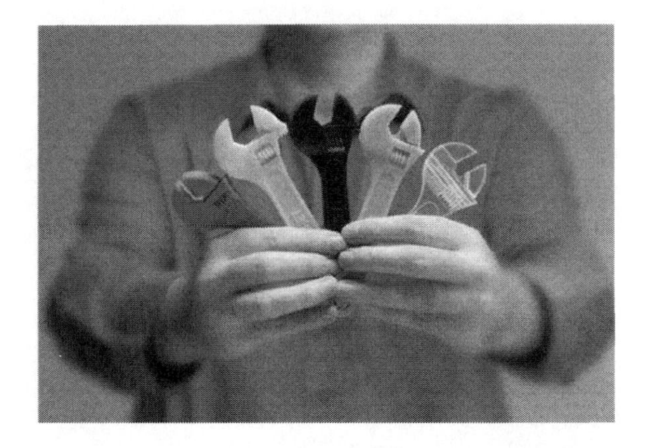

图 11-12　Objet 3D打印机打印出高精度模型

图 11-13　CandyFab 4000 打印机

图 11-14　CandyFab 4000 砂糖 3D 打印机原料

图 11-15　打印产品

11.2.2　利用沙子太阳能烧结打印

对于 3D 打印机来说，耗材是关键。Kayer 发明了一种 3D 打印机，可以利用沙子和太阳光打印出不可思议的作品[6]。他把沙漠中最丰富的两种资源沙子和阳光整合到一起，通过用阳光代替激光，用沙子代替树脂，设计出一种全新的生产工艺，用于制造 3D 玻璃物体。机器所用的太阳能被用在电子元件、伺服系统和太阳跟踪系统上，用来切割和熔化沙子的能源只是经过聚焦的普通阳光(图 11-16 和图 11-17)。

11.2.3　利用生物耗材打印人体器官

3D 打印机能有多大的作为？最神奇的是使用生物墨水耗材的 3D 打印机，它能打印人体细胞和器官。

图 11-16　3D 打印机对阳光和沙子进行处理

图 11-17　阳光和沙子打印出来的 3D 作品

密苏里大学有一台能打印器官的 3D 打印机，它使用的是一些特殊的材料，包括用人体细胞制作的生物墨水，以及同样特别的生物纸。在打印的时候，生物墨水在计算机的控制下通过某种方式被喷到生物纸上，最终形成器官。

对于这些打印的器官它们可以有不同的形状。例如，人造肾脏不需要和真肾长得一模一样，也不需要具有真肾的所有特征，只要能清除血管中的垃圾就可以。只要这些器官能够工作，并且能够改善病人的身体状况就可以[7]。

生物打印机取得突破后，加拿大一所大学正在研发骨骼打印机。这种打印机可以使用人造骨粉的耗材，把这些骨粉转变成精密的骨骼组织。这种骨骼打印机产生的人造骨骼，除了精确仿真破损的骨骼区块，植入人体以后还能帮助受损的骨骼修补愈合，使受损的骨骼部位产生新的组织，甚至促使血管再生，作用类似于桥梁。这是理想的状态,不过这种新科技要进入医院成为通用可行的疗法,还需要时间的检验(图 11-18 和图 11-19)。

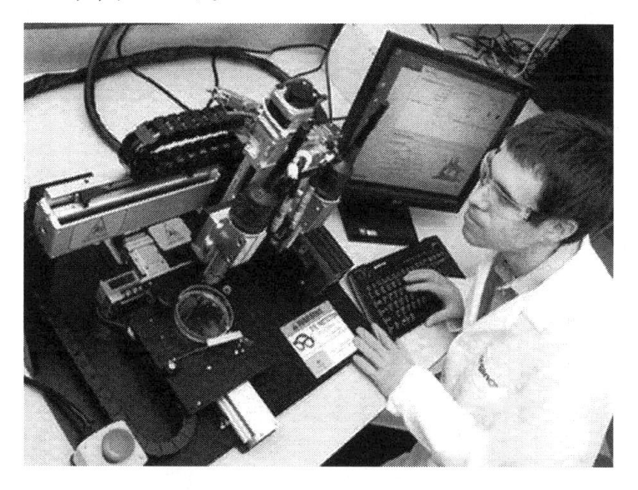

图 11-18 骨骼打印机的研发

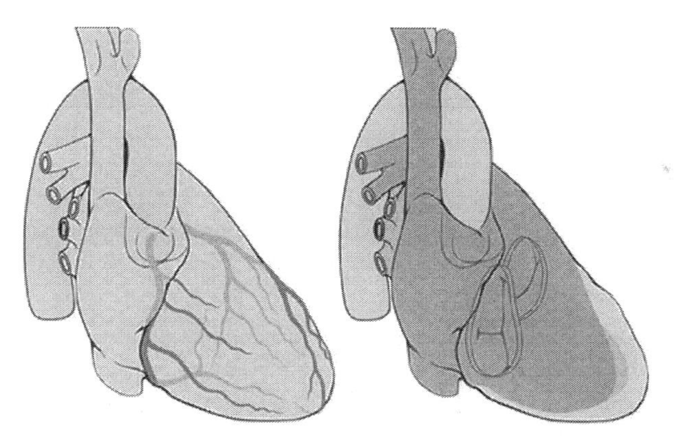

图 11-19 3D 打印促使血管再生

澳大利亚 Invetech 公司和美国 Organovo 公司携手研制出全球首台商业化 3D 生物打印机(图 11-20),技术人员将一排排水凝胶平行放入培养皿盆的水槽里,在水槽中打印颗粒状细胞圆柱体。至少一个水凝胶圆柱体被打印在细胞的中间位置,用于制作静脉内的小孔,而血液最终将通过这个小孔流进(图 11-21)。

许多 3D 打印机技术是开源的,原理并不复杂,也就是说,造一台 3D 打印机并不难,但耗材就不同了,要发明和开发一种新的耗材并不是一件容易的事[8]。

随着打印机的技术日趋成熟,关键在于新材料的开发,可供打印使用的耗材的不断拓展,3D 打印也逐渐具备了制作成品的可能。这是 3D 打印技术质的飞跃。例如,钛合金和不锈钢材料的使用,使波音公司可以使用这种技术直接打印飞机机翼。

图 11-20 3D生物打印机的血管制作过程

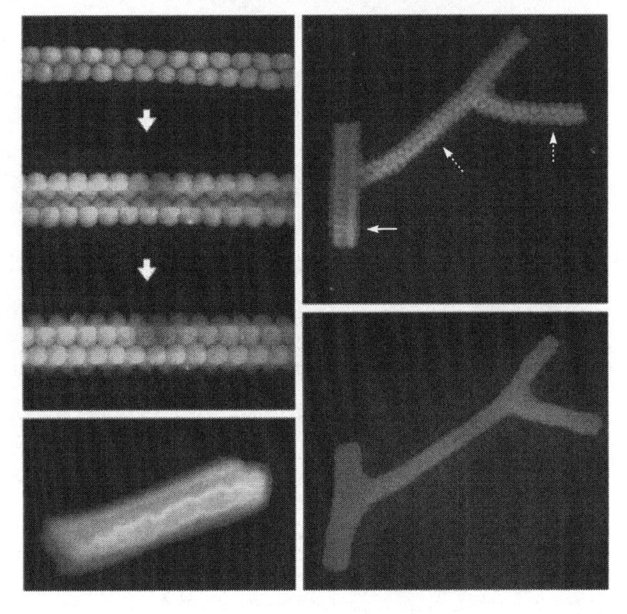

图 11-21 打印出来的静脉

11.3 打印3D模型

首先,让我们来了解 CubeX 3D 打印机功能和特色:打印头加热材料后,挤出塑料细丝,在打印床上层层黏附。每打印一层,打印床就下降一些,使得每一层材料都平铺于前一层之上。下面以 CubeX 3D 打印机为例说明。

11.3.1　取出安装

打开包装，按如下顺序进行操作。

① 打开包装盒，取出 CubeX 的顶盖。

② 抓住 CubeX 金属框架的两侧，将机器从包装盒中取出。

③ 从箱子底部取出工具包、电源线、胶水和喷嘴清洁器。

④ 使用工具包中的钳子剪断绑带，取出材料盒。

⑤ 剪去所有用于固定打印头的黄色扎带。

⑥ 剪去所有用于固定泡沫的黄色扎带。

⑦ 取出所有泡沫件。

⑧ 拧松 4 颗螺丝，取出保护 Z 轴的有机玻璃。

⑨ 移除有机玻璃。

⑩ 给 CubeX 插上电源，按下控制面板上的功能键，启动 CubeX。

⑪ 按下十字按钮，接通 CubeX 电源。

⑫ 在 Cubify. com 激活 CubeX。

⑬ 使用触摸屏的方向导航，进入 move(移动)功能。

⑭ 点击向上箭头，移动打印床，使其远离泡沫，以便取出泡沫。

⑮ 取出构建平台下方的最后一块泡沫。

⑯ 向下移动打印床，以便安装喷头清洁器。

⑰ 安装喷头清洁器。

11.3.2　检查打印机

开始检查 XYZ 轴，使用 CubeX 前，需要确定 XYZ 轴是否在运输过程中受损。点击主菜单的“Move”选项，进行以下操作。

①使用触屏上箭头，上下或左右二个方向移动各个轴。先降低 Z 轴，以避免与打印头发生碰撞。移动 X 和 Y 轴时，注意别离复位(home)按钮太远(位于机器左后方)，因为可能会与机箱外壳发生碰撞。过多的碰撞会损坏打印机。

② 经检查确定各个轴都运作正常后，使用功能(function)键返回到主菜单。

③ 选择主菜单的“Home”选项。

④ 按下 home 按钮。打印喷嘴复位到各个轴的原点，检查 XYZ 轴和复位功能。打印喷嘴应能停止于原点处，位于机器的左后角。

11.3.3　安装打印床

① 打开 CubeX 控制面板上的 move(移动)功能窗口。

② 点击向上和向下箭头，将构建平台移动到最低点。

③ 将铝脚与构建平台前方的插槽对齐，以便安装打印床。

④ 放入打印床，如果位置正确的话，磁铁会将打印床锁定到位。

装载材料盒，“Replace”(更换)功能会指导用户卸载材料盒，更换为新的。如果要将新的材料盒装入空的基座，跳过前几步，从装载材料盒开始(图 11-22)。

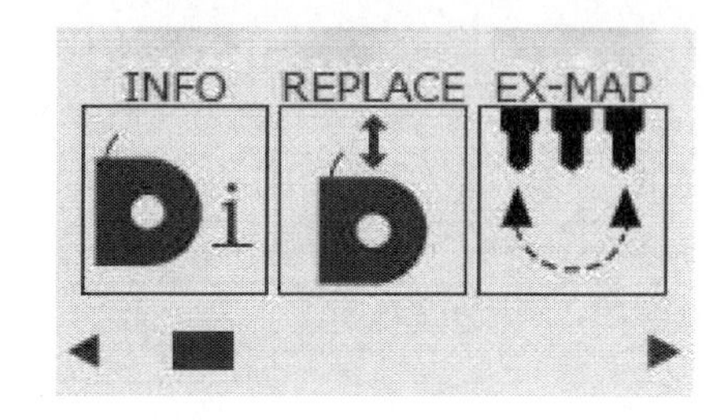

图 11-22　装载材料盒

11.3.4　装载新材料盒

① 卸下新材料盒的螺丝。

② 将螺丝安装在用过的材料盒上。

③ 从新材料盒中拉出 300mm 的细丝。

④ 从细丝一端剪去 50mm。

⑤ 将细丝穿过材料盒固定条下方，通至送丝管。

⑥ 将新材料盒安装进材料盒基座。

⑦ 推送细丝穿过送丝管，直到打印头开始吐丝。

11.3.5　安装 CubeX 操作软件

① 解压 cubex_software_win. zip 安装包，双击 CubeX Setup. msi 图标，开始安装软件(图 11-23)。

图 11-23　安装 CubeX 操作软件

② 弹出安装界面，选择 Repair CubeX 选项，按 Finish 选项开始安装(图 11-24)。

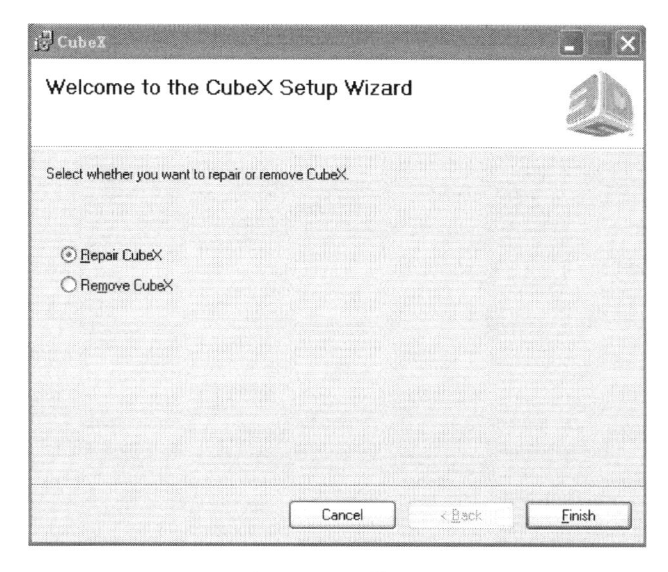

图 11-24　安装界面

③ 安装完成后，点击启动图标，弹出启动界面(图 11-25)。

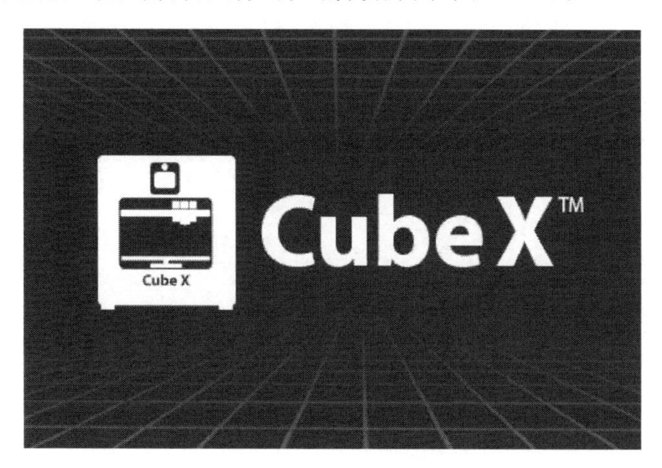

图 11-25　启动界面

④ 操作界面(图 11-26)。

⑤ 点击 open model 按钮，弹出打开界面，选择要打开的文件(图 11-27)。

⑥ 打开打印模型(图 11-28)。

⑦ 点击 build 按钮，弹出设置选项框(图 11-29)。

⑧ 设置打印的底层材料为 PLA 红色，支撑材料为 PLA 白色(图 11-30)。

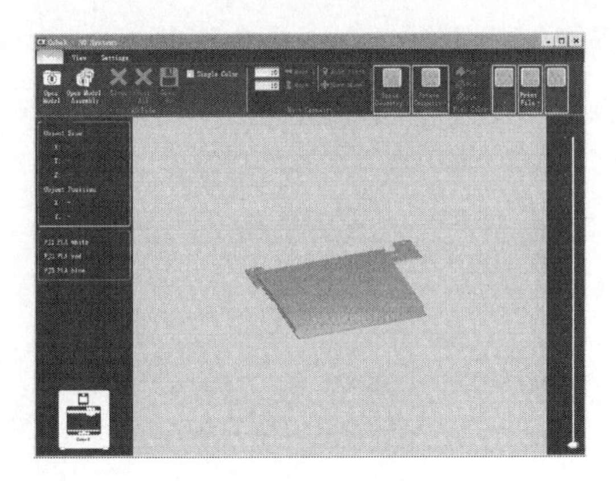

图 11-26　操作界面

图 11-27　打开界面

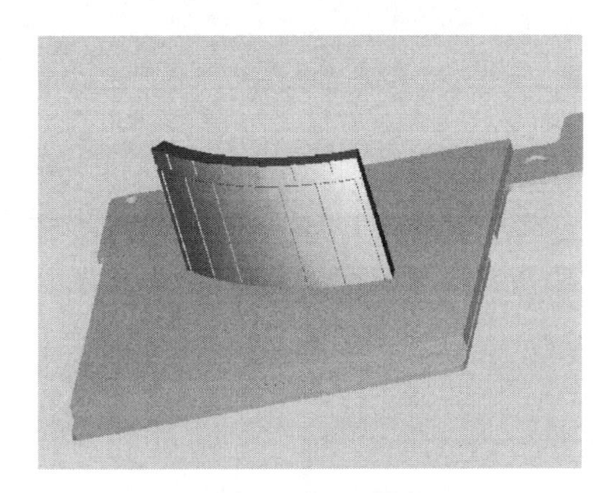

图 11-28　打开打印模型

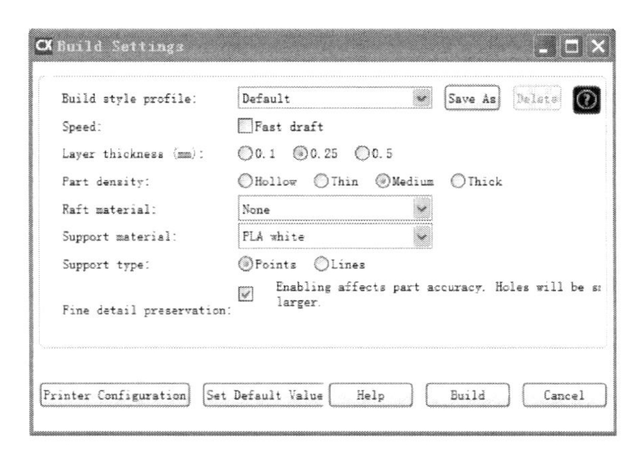

图 11-29　设置选项框

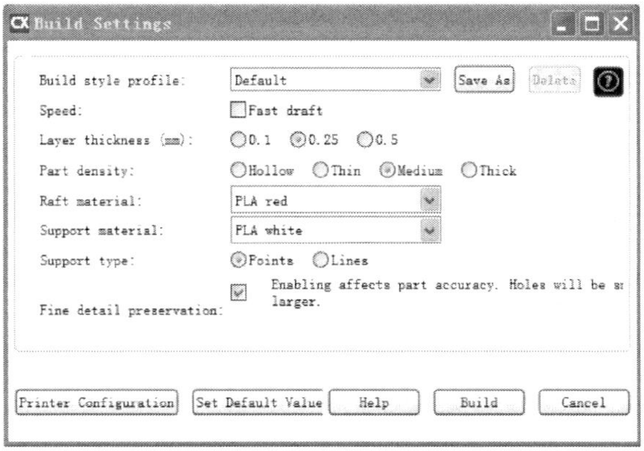

图 11-30　设置打印参数

⑨ 点击 Printer Configuration 选项，设置打印颜色，将 Print Jet 1 设置为 PLA white；将 Print Jet 2 设置为 PLA red；将 Print Jet 3 设置为 PLA blue(图 11-31)。

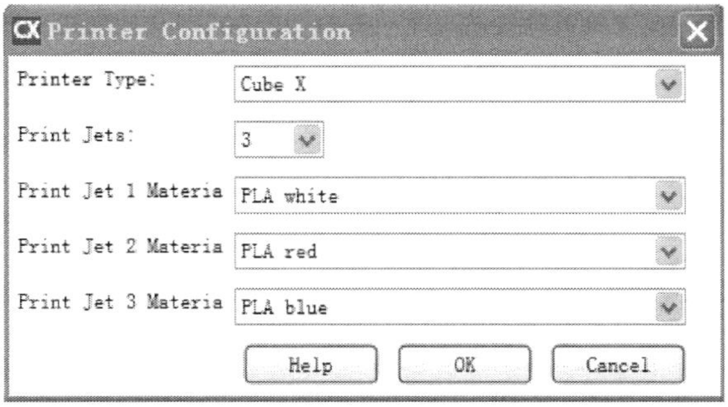

图 11-31　设置打印颜色

⑩ 返回主界面，对应颜料桶的颜色会变成刚刚设置的颜色(图 11-32)。

图 11-32　设置后的主界面

⑪ 在显示区，点选打印物体，然后点击相应的颜料桶，打印物就会喷上相应的颜色(图 11-33)。

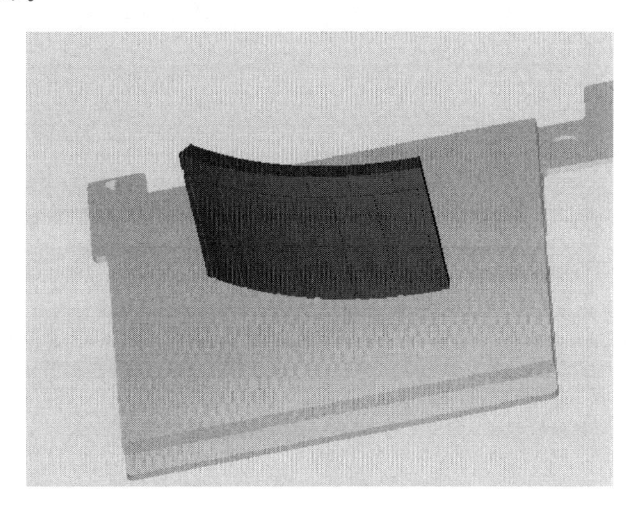

图 11-33　打印物喷上颜色

⑫ 点击 build 选项，弹出创建菜单，然后再点击 Build 按钮，创建打印文件(图 11-34)。

⑬ 系统自动计算打印用料和打印需要花费的时间(图 11-35)。

⑭ 生成 3D 打印文件(图 11-36)。

⑮ 将生成的打印文件复制到 CubeX 自带的 U 盘中，然后将 U 盘插入 CubeX 打印机的接口中，就可以直接打印了。

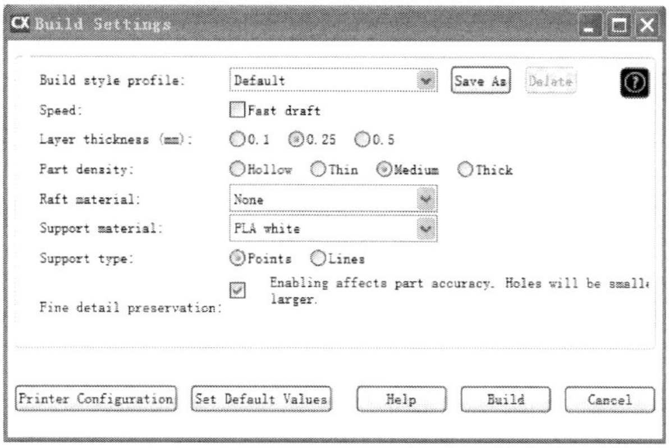

Build Settings

Build style profile: Default　Save As　Delete

Speed: Fast draft

Layer thickness (mm): 0.1　0.25　0.5

Part density: Hollow　Thin　Medium　Thick

Raft material: None

Support material: PLA white

Support type: Points　Lines

Fine detail preservation: Enabling affects part accuracy. Holes will be smalle larger.

Printer Configuration　Set Default Values　Help　Build　Cancel

图 11-34　创建打印文件

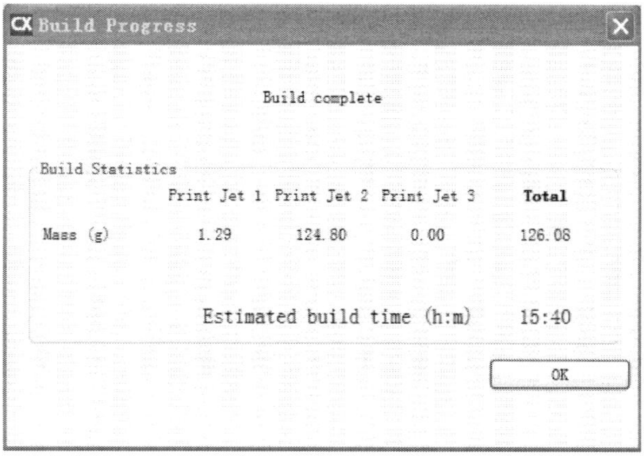

Build Progress

Build complete

Build Statistics

	Print Jet 1	Print Jet 2	Print Jet 3	**Total**
Mass (g)	1.29	124.80	0.00	126.08

Estimated build time (h:m)　15:40

OK

图 11-35　系统自动计算时间

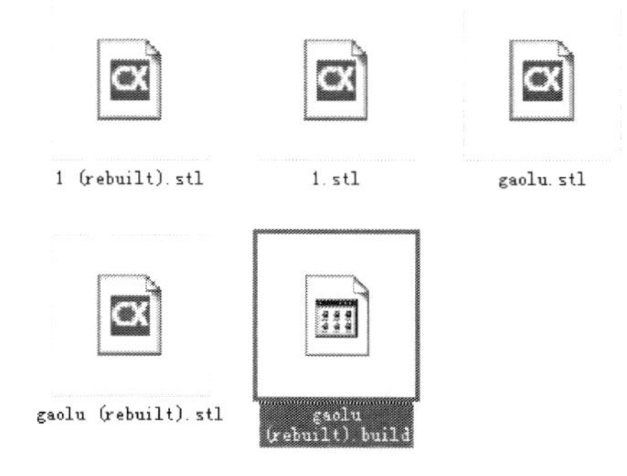

图 11-36　生成的 3D 打印文件

11.4 小　　结

本章通过具体的案例,介绍了3D建模、3D打印机安装、3D打印样品等,让读者从零开始完成一个3D作品的制作与打印。

参 考 文 献

[1] 赵春雷.3D打印机种类.世界科学,2012,(7):8-9.
[2] 王众.无所不能的3D打印.世界博览,2012,(19):48-51.
[3] 孙聚杰.3D打印材料及研究热点.丝网印刷,2013,12:25.
[4] 建筑砌块协会3D打印机.建筑砌块与砌块建筑,2013,1:50.
[5] 杜宇雷,孙菲菲,原光.3D打印材料的发展现状.徐州工程学院学报(自然科学版),2014:3(1):20-24.
[6] 孙玉珠.桌面级3D打印机:起跑线上的博弈.信息技术时代,2013,3:25.
[7] 赵春雷.3D打印机种类.世界科学,2012,7:15.
[8] 余冬梅,方奥,张建斌.3D打印:技术和应用.金属世界,2013,6:6-11.

第四篇

3D 云打印

第 12 章　3D 打印与云计算

12.1　云计算基础知识

12.1.1　什么叫云计算

云计算是一种基于互联网的计算方式，通过这种方式，共享的软硬件资源和信息可以按需提供给计算机和其他设备。典型的云计算提供商往往提供通用的网络业务应用，用户可以通过浏览器等软件或者其他 Web 服务来访问，而软件和数据都存储在服务器上。云计算服务通常提供浏览器访问的在线商业应用，软件和数据可存储在数据中心。对云计算的定义有多种说法。国内较为广泛接受的定义是通过网络提供可伸缩的廉价的分布式计算能力[1]。

12.1.2　云计算的定义

对云计算的定义，有广义云计算和狭义云计算之分。

1. 狭义云计算

狭义云计算是指 IT 基础设施的交付和使用模式，通过网络以按需、易扩展的方式获得所需的资源(硬件、平台、软件)。提供资源的网络被称为云。云中的资源在使用者看来是可以无限扩展的，并且可以随时获取，按需使用，随时扩展，按使用付费。

2. 广义云计算

广义云计算是指服务的交付和使用模式，通过网络以按需、易扩展的方式获得所需的服务。这种服务可以是 IT 和软件、互联网相关的，也可以是任意其他的服务。

3. 云计算的基本特征

互联网上的云计算服务特征和自然界的云、水循环具有一定的相似性，通常云计算服务应该具备以下特征，即基于虚拟化技术快速部署资源或获得服务；实现动态的、可伸缩的扩展；按需求提供资源、按使用量付费；通过互联网提供、面向海量信息处理；用户可以方便地参与；形态灵活，聚散自如；减少用户终端的处理负担；

降低用户对于IT专业知识的依赖;虚拟资源池为用户提供弹性服务。云计算架构如图12-1所示。

图12-1 云计算架构

12.2 云计算的发展现状

12.2.1 国外发展现状与趋势

当前,全球云计算发展整体呈现以下态势。

(1) 各国政府日益关注

美国全力推进云计算计划,并重点从政府网站的改革着手,进一步整合商业、社交媒体、生产力应用与云端IT服务。同时,美国联邦预算着重加强对云计算的安排,美国国防信息系统部门正在其数据中心内部搭建云环境,美国宇航局推出一个名为"星云"(Nebula)的云计算环境。日本内务部和通信监管机构计划建立一个大规模的云计算基础设施,以支持所有政府运作所需的信息系统。各国和地区云计算发展状况如图12-2所示。

(2) 企业加快项目布局

国外云计算技术主要由大型IT企业掌握。美国硅谷目前已经约有150家涉及云计算的企业,新的商业模式层出不穷,微软、谷歌、IBM等IT巨头纷纷进入或支持云计算技术开发(表12-1)。

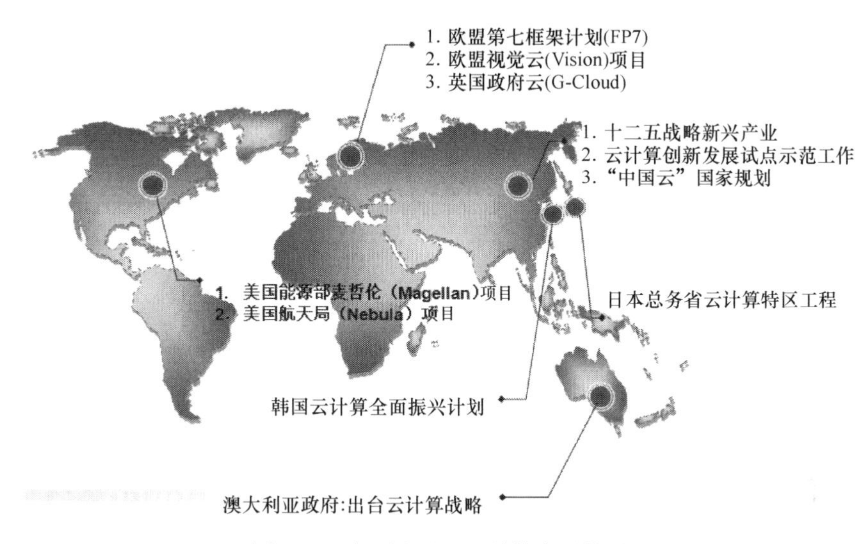

图 12-2　各国和地区云计算发展状况

表 12-1　企业云计算技术研发状况

公司	研发进展
EMC	推出 Hulk 和 Main 集群 NAS 硬件及软件产品
Amazon	向用户提供基于 Amazon 万亿级计算业务架构的云计算服务提供商
微软	推出 Windows Azure 产品
谷歌	拥有自主研发的万亿级数据中心架构，是最早提供云计算服务器的厂商之一
Isilon	推出目前全球最大的 NAS 集群，该集群配置了约 100 个节点，理论上支持 2.3PB 的存储容量
IBM	推出"蓝云"(Blue Cloud)计划，包括一系列云计算技术的组合，成立云计算中心
惠普	联手英特尔、雅虎推出云计算实验台
NetApp	专门针对 NAS 和 SAN 产品的操作系统提供集群技术
Sun	推出 ZFS 文件系统、低端 X4500 存储服务器和开源 Solaris 10 软件

(3) 产学研合作不断密切

云计算能够快速发展，学术界和企业间的密切联动与合作起到了重要作用。IBM 在推出"蓝云"(Blue Cloud)计划后，与政府机构、大学和互联网企业展开云计算计划方面的合作，并于 2008 年向客户正式推出第一套支持 Power 和 x86 处理器系统的"蓝云"产品。谷歌等与包括卡内基梅隆大学、麻省理工学院、斯坦福大学、加州大学伯克利分校及马里兰大学的高校，加快云计算计划的合作研究，以降低相关技术研发的成本。雅虎、惠普和英特尔等推出一项涵盖美国、德国和新加坡的联合研究计划，提出云计算研究测试床，与新加坡资讯通信发展管理局、德国卡尔斯鲁厄大学 Steinbuch 计算中心、美国伊利诺伊大学香槟分校等合作伙伴建立 6

个数据中心作为研究试验平台，每个数据中心配置1400～4000个处理器。

12.2.2　国内发展现状与趋势

我国云计算发展保持快速增长，产业规模增速远超国际水平，新服务新业态不断涌现，创新能力显著增强。一些新现象正引起人们的关注，包括国内市场竞争带来产业格局变革、开源技术受到企业广泛关注、移动互联网等新型业态与云计算深度融合的趋势更加明显，城市云建设迅速发展。

① 部分地方政府搭建平台推进云计算发展。近年来，部分省市涉足云计算的发展。例如，北京市为推进"北京云"的建设，重点推进北京市计算中心与Platform软件公司共建联合实验室，主要定位于工业计算，以IaaS和SaaS两种方式为政府和广大中小企业提供最新的软硬件设施、虚拟原型制作、可视化技术、网络技术、数据挖掘等。广东省"十二五"期间通过推进云计算模式的应用，加强制造业企业内外部信息化系统协同和集成化应用，同时通过数字化技术衍生出新技术、新产品，甚至新产业，健全和完善全省信息化服务体系。

② 企业加速研发和应用端建设中国IT企业也启动云计算工作。阿里巴巴、百度、腾讯网络等一批企业相继宣布了自己的云计划，如图12-3所示。

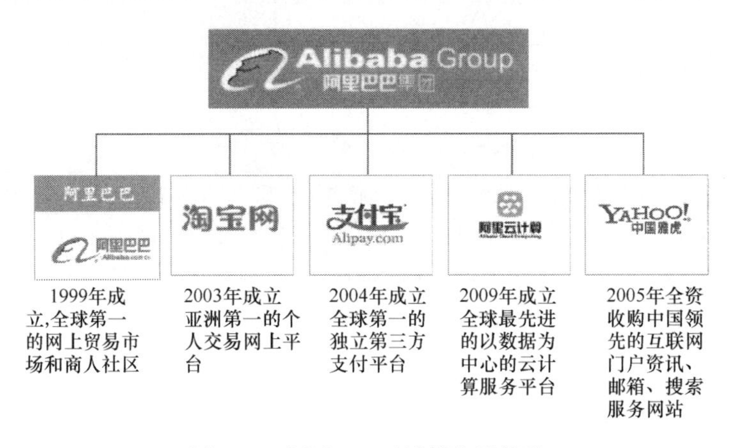

图12-3　阿里巴巴云计算发展状况

③ 上海市在云计算领域中开始崭露头角。近年来，上海市在宽带网络、高性能计算、虚拟化技术进行了前瞻布局，并取得系列成果，为云计算的发展奠定了基础。同时，计划未来对海量存储、绿色数据中心和安全技术体系等方面进行研究。

12.3　云计算与 3D 打印

云计算的不断发展，为 3D 打印提供了无限的想象空间。不少 IT 厂商将 3D 打印服务与云计算结合起来，提供 3D 打印服务。本节将介绍国内外两家公司提供的基于云计算的 3D 打印服务[2]。

12.3.1　Autodesk 提供基于云的 3D 打印服务

Autodesk 是世界领先的设计软件和数字内容创建公司，用于建筑设计、土地资源开发、生产、公用设施、通信、媒体和娱乐。Autodesk 发布的 123D Catch 平台利用云计算的强大能力，可将数码照片迅速转换为逼真的三维模型。只要使用傻瓜相机、手机或高级数码单反相机抓拍物体、人物或场景，人人都能利用 Autodesk 123D 将照片转换成生动鲜活的三维模型。通过该应用程序，使用者还可在三维环境中轻松捕捉自己的头像或度假场景。同时，此款应用程序还带有内置共享功能，可供用户在移动设备及社交媒体上共享短片和动画。

下面介绍如何利用利用 Autodesk 系列软件及平台生成 3D 打印模型文件。

步骤 1，拍摄素材照片。

按照物体的不同角度依次拍摄，而且拍照的密度越高（即每次拍照的角度变换越小），最后生成的 3D 模型也会越精细。这个原理实际上和传统的 3D 建模没什么差别。

步骤 2，导入云端建模。

有了照片素材，接下来就要导入软件开始建模了，点击鼠标，将图片完整上传即可，整个建模将全部在云端中完成，在本地接收建模文件即可（图 12-4）。

图 12-4　建模软件界面

这个过程需要安装一款专用软件(Autodesk 123D Catch),启动软件后左上角会出现两个按钮,点击最上面的“Create a new Photo Scene”即可进入照片导入进程(图 12-5)。

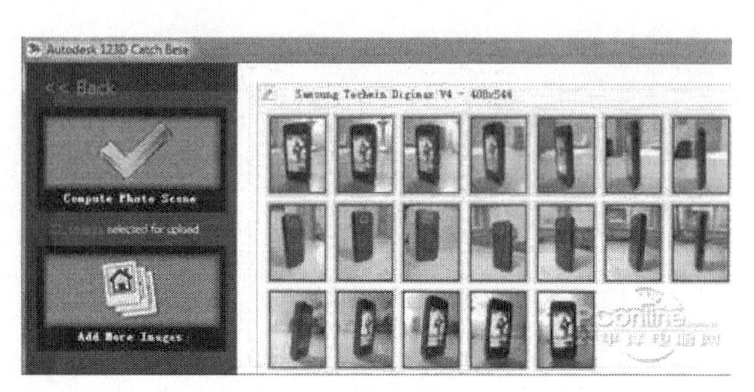

图 12-5　导入好的效果

接下来,将其上传至云端执行建模。操作只有一步,通过左上角的“Compute Photo Scene”按钮即可。由于上传需要一段时间,既可以耐心等待,也可以等邮件通知(图 12-6)。

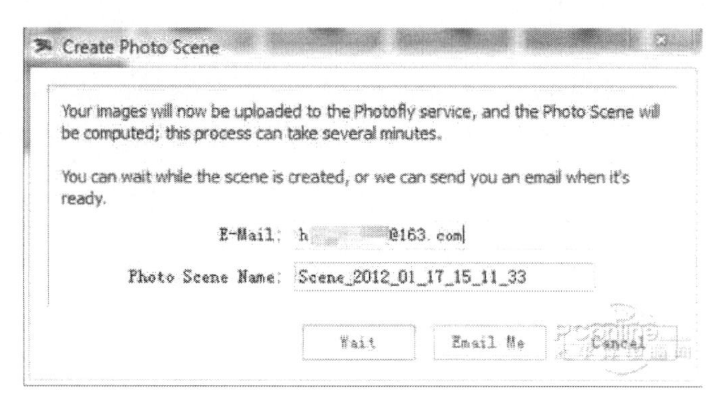

图 12-6　123D Catch 的 Email 通知

步骤 3,修整 3D 模型。

打开文件后,一个漂亮的 3D 模型便已经跃然“屏”上了,由于是软件合成,个别地方难免会出现一些纰漏。除物体本身,个别背景也会被软件“收录”其中,因此要将其删除掉。删除方法同样简单,只需通过鼠标选中再按动键盘上的“Delete”键即可(图 12-7)。

步骤 4,打印实物模型。

打印过程有点像堆积木,123D Make 把整个 3D 模型拆分为一个个可切割图案,然后利用每个图案不同的形状及大小,最终拼合成一件实物。因此,为了让效果更加理想,最好选择一些厚度较大的硬纸板。对于大多数普通打印机,这个要求

图 12-7　删除无用背景

可以通过先打印到纸上，再通过纸板蚀刻的方法解决。最终，当所有纸板素材准备好后，进行拼接，一份真正的实物模型便出炉了，如图 12-8 所示。

图 12-8　导入 123D Make 后打印

12.3.2　narkii 提供基于云的 3D 打印服务

早在 2013 年，国内知名的 3D 内容提供商纳金网(http://www.narkii.com)便推出了基于云的 3D 打印服务(图 12-9 和图 12-10)。

该平台将用户模型数据全部存储在云端，有客户下单后，采用分布式技术将订单发给对应的打印服务商。

图 12-9　纳金网 3D 打印服务平台首页

图 12-10　纳金网 3D 打印服务平台

12.4　小　　结

本章首先介绍云计算的基础知识，然后介绍 3D 打印与云计算结合的案例。当今，云计算技术已经全面渗透进传统 IT 领域。基于云平台的 3D 打印服务，必将引领 3D 打印潮流。

参 考 文 献

[1] 刘鹏. 云计算. 北京：清华大学出版社，2011.
[2] 徐立斌. 腾云：云计算和大数据时代网络技术揭秘. 北京：人民邮电出版社，2013.

第 13 章　3D 打印服务

13.1　3D 打印服务概述

3D 打印不同于传统的大规模生产，其优势在于个性化和可定制，而大规模生产的优势在于重复制造与标准化。正是由于 3D 打印的出现，人们能够轻易地在规模生产与定制之间做出选择，选择定制却不用支付昂贵的价钱，这也是 3D 打印的魅力所在。

3D 打印产业有别于传统制造业，其产业链比较短，除像 shapeways.com 3D 打印社区提供 3D 打印服务，3D 打印材料和 3D 打印设备也是该产业中决定产品的两个重要环节。

3D Systems 是一家综合的 3D 打印服务商，致力于制造物美价廉的多功能产品，能让用户以无与伦比的速度轻松捕捉、编辑和打印 3D 数据。它旗下 ZPrinter 系列的 3D 打印设备为速度、色彩、成本效益和易用性设定了标准，从普及教育到要求最严格的商务环境，ZPrinter 系列都能满足客户的各种需求。3D Systems 的 ZPrint、ZEdit Pro、Mimics Z 也颇受推崇，其软件技术适用于制造业、建筑、土木工程、逆向工程、地理信息系统、医疗、娱乐等行业的众多应用。

下面列举一些《全球 3D 打印市场统计报告》[1]关于 3D 打印机和 3D 打印材料的数据。

2013 年 11 月，全球最大的 3D 打印机协同制造平台 3D Hubs 陆续发布对 3D 打印厂商、3D 打印机、原材料、应用领域的调查报告。3D Hubs 称全球大约售出了 100 000 台 3D 打印机，根据 3D Hubs 对其平台上注册的 3D 打印机的统计分析，Stratasys 公司以 25.5%的市场保有量成为领导者，这很大程度上要归功于对 MakerBot 公司的收购。紧随其后的是 RepRap 和 Ultimaker，其保有量市场占有率分别为 21.9%和 18.4%。3D Systems 的设备保有量占 10.8%，位居第四，如图 13-1 所示。

目前，90%的 3D 打印机用户使用的都是桌面级产品，因此 ABS、PLA 这两种塑料材质的耗材占到 77%的份额，如图 13-2 所示。

3D 打印分桌面级和工业级两大类。桌面级主要用于工业设计，而工业级主要细分为原型制造和大型及复杂的金属结构件直接制造。不同的领域对精度和材料的要求有巨大的差别，因此 3D 打印的主要用户还是来自概念模型设计、原型设计、性能测试和少数的直接制造。

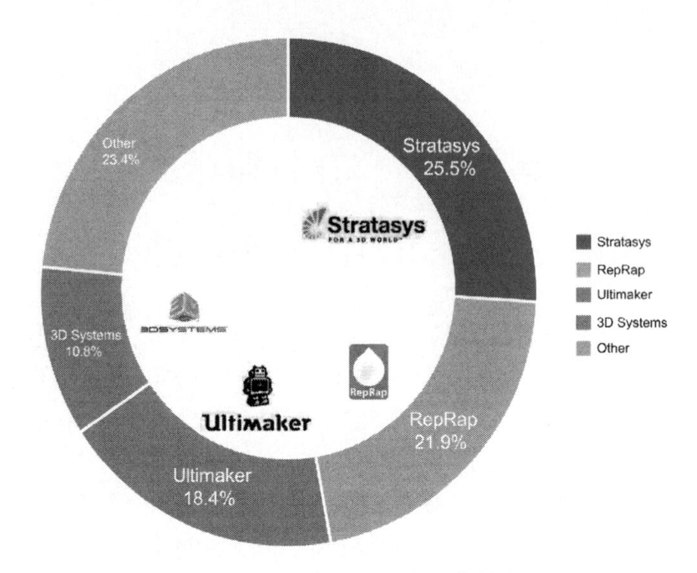

图 13-1　3D打印机生产厂商排名

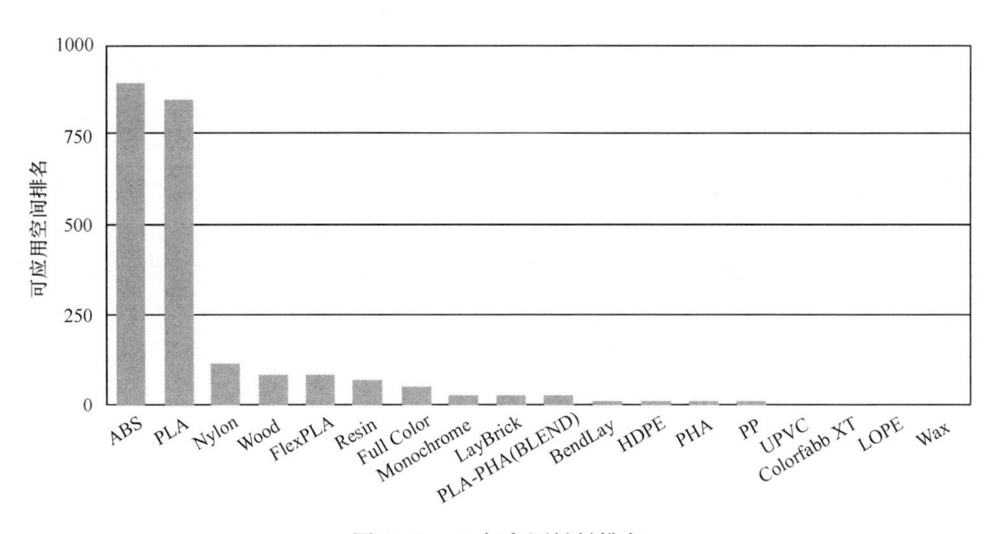

图 13-2　3D打印原材料排名

综观3D打印产业，软件、硬件、耗材等均处于上升期。从桌面级应用的角度来，3D打印已为市场接受，从业界诸多企业的布局、互联网3D打印相关平台林立便可见一斑。

13.2　纳金网的 3D 打印服务平台

13.2.1　平台的定位

纳金网是一家 3D 数字创意公共服务平台(图 13-3),致力于 I3D 展示与工业创意设计,平台注册的主要用户是各行业的设计师。

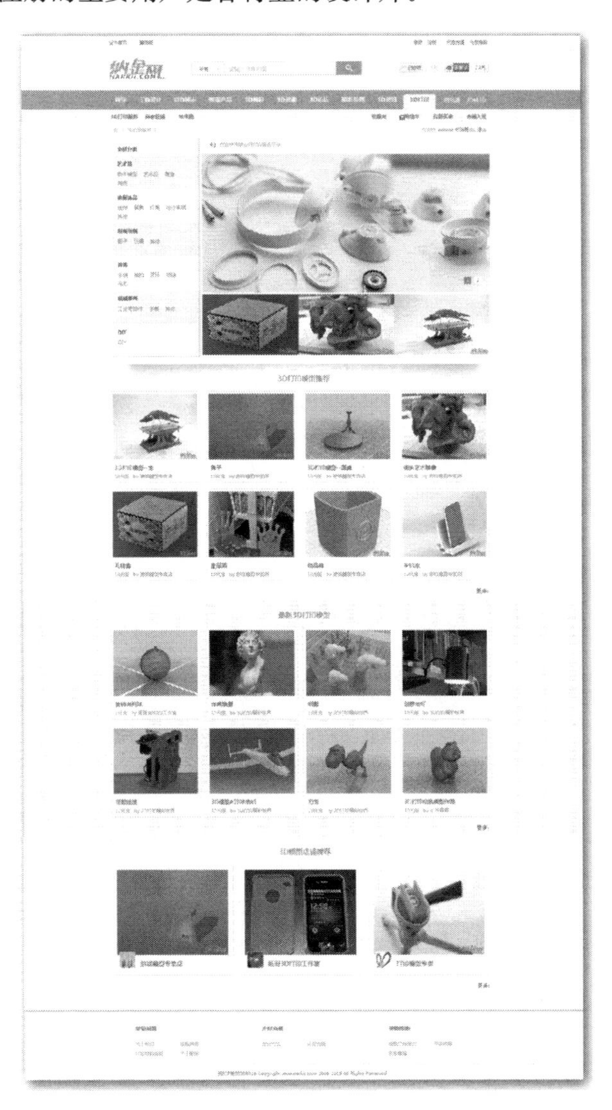

图 13-3　纳金网 3D 打印服务平台页面截图

自2011年,平台设计师便频频在3D论坛版块发布工业设计与3D打印的相关帖子,探讨个性化制造、更快速设计、DIY等。随着3D打印热潮席卷国内,纳金网平台的3D打印探讨越发热烈,积累大量用户后,纳金网团队顺势推出3D打印服务平台。

纳金网3D打印服务平台是一个面向普通用户和设计师会员的电子商务平台。设计师上传模型向用户出售,用户可以购买模型自行打印,或者在购买模型同时下单给纳金网打印。这个交易通过纳金网虚拟货币"元宝"实现。

13.2.2 3D打印服务分类

纳金网3D打印服务平台的产品包括:艺术品,下设数学模型、雕塑等;家居饰品,下设挂饰、餐具、灯具、迷你家具等;游戏玩偶,下设骰子、玩偶等;首饰,下设手链、袖口、耳环、项链、戒指等;机械零件,下设工业零部件、手办等。

1. 艺术品

艺术品的3D打印有广阔的市场需求。艺术品与3D打印技术结合(图13-4和图13-5),充分刺激了消费者对新技术的好奇,更主要的是大大降低了艺术品复制的工艺难度与成本,同时也提高了复制效率。例如,经典雕塑的复制,此前需要采集该雕塑的多方数据,建模开模打样,最终拿出复制的雕塑。如今通过只需通过3D扫描仪取得它的三维数据,通过软件生成雕塑的3D模型,便可直接通过3D打印机输出。

图13-4 3D打印艺术品

图 13-5　3D 打印的灯具

2. 家居饰品

家居饰品是一个讲究风格的品类，不同的人可能有截然不同的需求。家居饰品的装饰属性，决定了其私人定制属性，家居的个性装饰是当今家装的一大趋势。3D 打印家居饰品对用户来讲无疑是一个新的选择。此外，设计师的许多设计方案未能通过企业接收及时投产，3D 打印也因此为设计师的设计提供了新的进入市场的可能。

3. 游戏玩偶

用 3D 打印游戏玩偶(图 13-6)已屡见不鲜。在 3D 打印展会上，参展商对外展示的就有很多人们耳熟能详的玩偶，如筛子、魔兽角色、尤达大师、米老鼠等。

图 13-6　3D 打印绿巨人玩偶

4. 首饰

首饰,如手链、袖扣、耳环、项链、戒指等,是最为追求个性与美观的物件(图 13-7)。在纳金网 3D 打印平台,该类 3D 打印产品模型也最为丰富,收到用户的反馈也最为积极。

图 13-7 3D 打印戒指

5. 机械零件

通过 CAD 等画出机械零部件的图纸,3D 打印能够免去开模过程,而严格按照制式标准打出样品(图 13-8)。这对于机械设计有很大的辅助功能,如汽车、手机、角色等行业的设计,只需通过 3D 打印便可实现。

图 13-8 3D 打印机械零件

6. DIY

开源的低成本、方便研发、共享等特点深受人们欢迎,很多公司也乐于将技术开源。科技项目的DIY多基于开源技术(图13-9)。

图13-9 DIY与3D打印结合打印无人飞机[3]

荷兰设计师van Loenen在其官网上公布了一个项目——DIY V1.0。DIY V1.0的塑料部件都是采用3D打印制造,使用的是ABS塑料。同时,Loenen的这个项目是开源的,在其官网上能够下载到工具套装部件3D打印的STL文件。

综上分类介绍,纳金网3D打印服务平台主要基于桌面级3D打印,未真正进入工业级的3D打印应用。除了企业定位的选择,与3D打印技术、成本、材料等也不无关系,而3D打印材料研发便是一个重要因素。

13.2.3 3D打印材料

目前,纳金网提供4种打印材质供买家选择,即ABS、Laywoo-D3、聚碳酸酯(PC)、PLA。

1. ABS

ABS(图13-10)产品具有高强度、低重量的特点。不透明,外观呈浅象牙色、无毒、无味,兼有韧、硬、刚的特性,与372有机玻璃的熔接性良好,制成双色塑件,且可表面镀铬,喷漆处理。ABS流动性比HIPS稍差,比PMMA、PC等好,柔韧性好。ABS是用户选得最多的3D打印材料。

2. Laywoo-D3

Laywoo-D3(图13-11),由德国设计师Parthy发明,是一种以木材为基础的木头/聚合物复合3D打印材料。

图 13-10　1.75mm ABS 3D 打印材料

图 13-11　3mm Laywoo-D3 3D 打印材料

Laywoo-D3 含有 40%的回收木材和无害的聚合物，这种材料拥有 PLA 的耐久性，可以在 175～250℃进行 3D 打印。

用 Laywoo-D3 材料打印的作品，不仅外观像木头，闻起来也像木头，该材料最大的特点，就是可以在不同的温度下，打印出不同的颜色，比如在 180℃下，打印出的颜色更鲜亮，而在 245℃下打印变得更暗。用这种特性，可以打印出类似年轮的东西，让作品更加真实。

该种材料对打印机要求比较高，在一些家居饰品的打印上应用的也比较多，如 3D 打印容器(图 13-12)。

图 13-12　用 Laywoo-D3 材料打印的容器

3. PC

PC 中文名聚碳酸酯，是一种无色透明的无定性热塑性材料，具有良好的耐酸、耐油属性，而且耐热、抗冲击、阻燃，在正常温度内都有良好的机械性能，如图 13-13 所示。

图 13-13　聚碳酸酯材料

聚碳酸酯材料常见的应用有 CD/VCD 光盘、桶装水瓶、婴儿奶瓶、防弹玻璃、树脂镜片、车头灯罩、动物笼子、登月宇航员的头盔面罩、智能手机的机身外壳等(图 13-14)。将该材料与 3D 打印结合,依然能够获得好的应用效果。

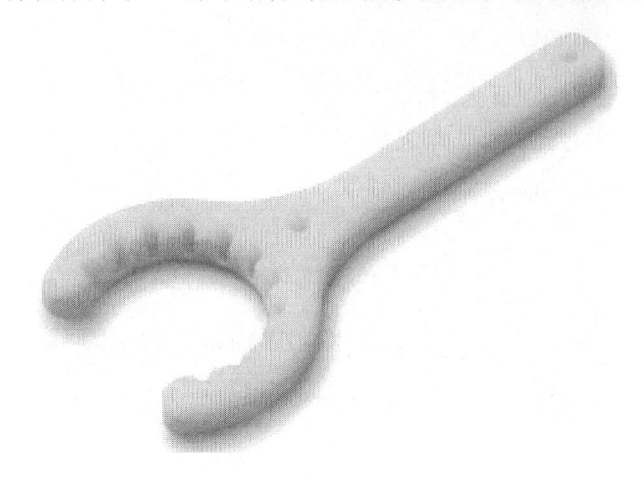

图 13-14　用聚碳酸酯材料打印的小工具扳手

4. PLA

PLA 中文名聚丙交酯(图 13-15),它的热稳定性好,加工温度 170～230℃,有好的抗溶剂性,可用多种方式进行加工,如挤压、纺丝、双轴拉伸、注射吹塑。

图 13-15　PLA 材料

将聚丙交酯与 3D 打印结合,打印出来的产品除能生物降解,生物相容性、光泽度、透明性、手感和耐热性都很好,同时行业内有的公司开发的聚乳酸还具有一定的抗菌性、阻燃性和抗紫外线性(图 13-16)。

图 13-16　PLA 打印的犀牛摆件

13.2.4　3D 打印机

目前，桌面级 3D 打印机销售公司大多代理美国的 3D 打印机，就国内而言自主研发并不多。通常工业级打印机的精度可以精确到几微米，而桌面级 3D 打印机的精度大约在 0.1 毫米左右，打印出来的产品有很明显的分层感，并且比较粗糙。桌面级 3D 打印机打印的产品多需要后期处理。

纳金网线下提供的 3D 打印服务也多基于桌面级别的 3D 打印机，接下来介绍其中几款比较有代表性的 3D 打印机。

1. Up! 系列 3D 打印机

Up! 系列 3D 打印机的主要特点是稳定性高，该系列 3D 打印机出自北京太尔时代科技有限公司。Up Plus 2 是旗舰版桌面级产品，精度能够满足常用需求，成型层厚最小达到 0.15mm，能够最大打印 140mm×140mm×135mm 的模型(图 13-17)。

2. MBot 系列 3D 打印机

这一系列 3D 打印机来自杭州铭展网络科技有限公司。这家公司初期以制作开源的 MakerBot 为主，现在已经有了很不错的自主研发能力，目前他们推出的旗舰版机型是 MBot Cube 2。

MBot Cube 2 成型尺寸为 260mm×230mm×200mm，层厚为 0.1mm。此外，它还支持双头打印，可以同时打印两种材料或者两种颜色，以及水溶性支撑材料(图 13-18)。

图 13-17　UP Plus 2 3D打印机

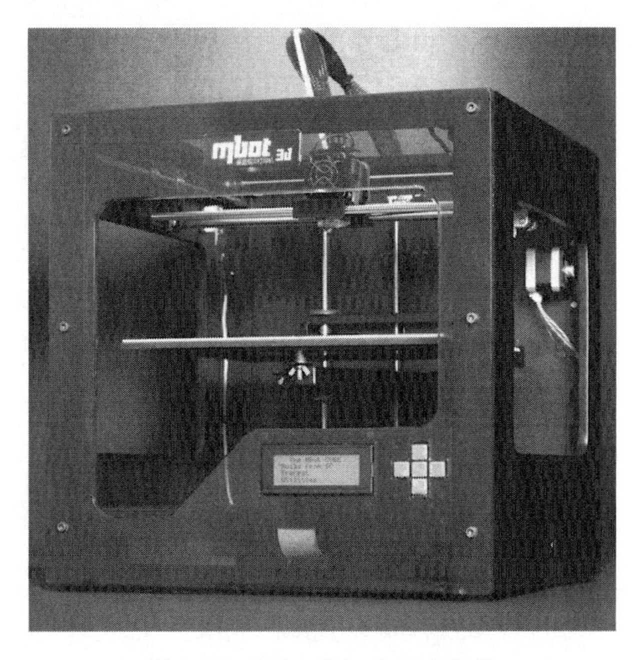

图 13-18　MBot Cube 2 3D打印机

3. MakerBot 系列 3D 打印机

作为桌面 3D 打印机的标杆，MakerBot 的 3D 打印机从质量到参数上，都非常好。

MakerBot 旗舰版 3D 打印机 MakerBot Replicator 2x，打印精度 0.1mm，支持双头双色打印，246mm×152mm×155mm 的打印尺寸，黑色铝合金外观等(图 13-19)。

图 13-19　MakerBot Replicator 2x

4. Cube 系列 3D 打印机

Cube 系列 3D 打印机出自 3D 打印巨头 3D Systems 的桌面级设备，期间经历了 cube、cube x、cube×duo(图 13-20)等几个版本，其主要特点是支持较大尺寸的打印。

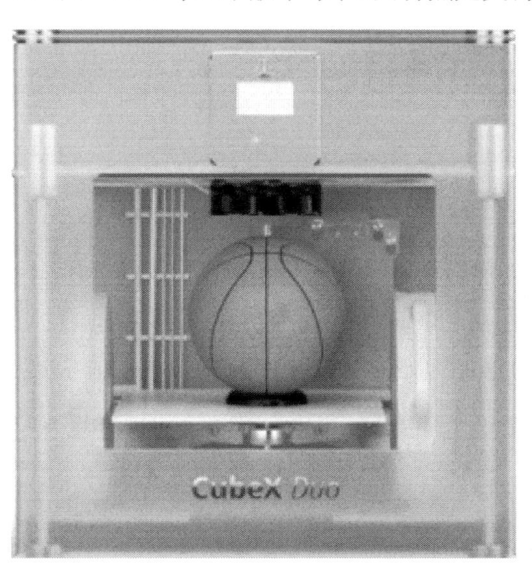

图 13-20　cube×duo3D 打印机

Cube系列旗舰机型cube×duo支持230mm×265mm×240mm的打印尺寸。在桌面级的3D打印机中也只有这样的机型能够满足部分用户的大尺寸打印需求。

5. Objet系列3D打印机

Objet系列3D打印机在材料处理上，总能走在其他厂商前面，在一般桌面级3D打印机只能打一种或者两种材料时，Objet便研发能够四种材料同时打印，并支持七种不同材料打印，如耐高温材料，其打印精度可以达到SLA级别的28微米(图13-21)。

图13-21　Objet30 3D打印机

13.2.5 模型格式

纳金网3D打印服务平台的模型卖家可以上传zip、rar、stl等模型文件(64 MB或100万个多边形)。

3D打印机支持的支持文件类型有DAE、OBJ、STL、X3D、X3DB、X3DV、WRL等，彩色3D打印支持文件类型DAE、WRL、X3D、X3DB、X3DV，纹理文件类型GIF、JPG、PNG。

13.2.6 纳金网3D打印服务平台的开店流程

设计制作3D打印产品模型的用户可以通过实名认证后，入驻3D打印服务平台创建店铺,上传 3D 打印产品模型,用于出售。所有上传出售的 3D 打印模型均需通过审核,方可在平台上对用户开放(图 13-22)。

图 13-22　3D 打印服务平台店铺入驻流程

通过审核的 3D 打印模型,均会显示模型的实际尺寸、可供打印的原材料,以及打印到用户收到打印产品的最终价格(图 13-23)。

图 13-23　3D 打印模型购买与下单打印界面

3D 打印服务平台沿用纳金网的虚拟货币实现交易。用户可通过 3D 打印服务平台界面 3D 打印产品分类挑选产品,选择 3D 打印材料、打印精度,下单定制。

纳金网 3D 打印服务平台产生订单后,客服将订单转发给线下 3D 打印工厂进行确认,确认后订单将进入 3D 打印生产,最终物流公司将 3D 打印成品送到用户手上。

13.2.7　纳金网 3D 打印服务平台客户下单打印流程

纳金网 3D 打印服务平台的模型交易与下单打印均给予虚拟货币元宝来实现。

用户进入 3D 打印服务平台后,可从我是买家进入后台设置地址、管理订单、上传打印效果图等信息。

这里简单介绍买家信息管理,完成买家信息介绍便可到前台挑选 3D 模型下单打印(图 13-24～图 13-26)。

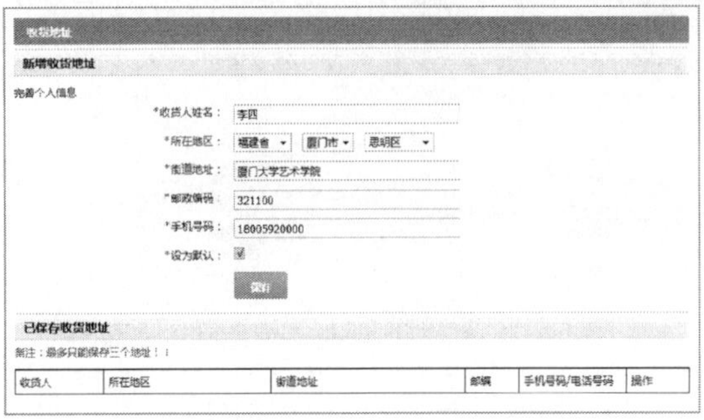

收货地址

新增收货地址

完善个人信息

*收货人姓名：李四

*所在地区：福建省　厦门市　思明区

*街道地址：厦门大学艺术学院

*邮政编码：321100

*手机号码：18005920000

*设为默认：

保存

已保存收货地址

备注：最多只能保存三个地址！！

收货人	所在地区	街道地址	邮编	手机号码/电话号码	操作

图 13-24　设置收货地址

收货地址

新增收货地址

完善个人信息

*收货人姓名：请输入姓名

*所在地区：省份　地级市　市、县级市

*街道地址：输入详细的街道地址

*邮政编码：输入6位邮政编码

*手机号码：输入11位手机号码

*设为默认：

保存

已保存收货地址

备注：最多只能保存三个地址！！

收货人	所在地区	街道地址	邮编	手机号码/电话号码	操作
李四	福建省 厦门市 思明区	厦门大学艺术学院	321100	18005920000	修改丨删除

图 13-25　添加收货地址后生成地址列表

箭形戒指礼品定制　　合作咨询

打印材料　银（925）　　重新选择

打印尺寸　2.0*0.8*2.0cm

打印数量　-　1　+

打印价格　¥ 999　　备注：打印价格在样式选择完后自动生成

下单打印

图 13-26　下单打印界面

图为3D模型与下单打印的客户界面，通常界面会有ABS、PLA、金属、石膏等多种打印材料或者工艺可以选择。选择好打印材料、打印尺寸、打印数量后，系统会自动生成打印价格。需要说明的是打印尺寸为该模型设计时的默认尺寸。

下单打印后，产生订单列表，客户可通过列表上的信息作订单确认，确认无误后提交订单(图 13-27)。

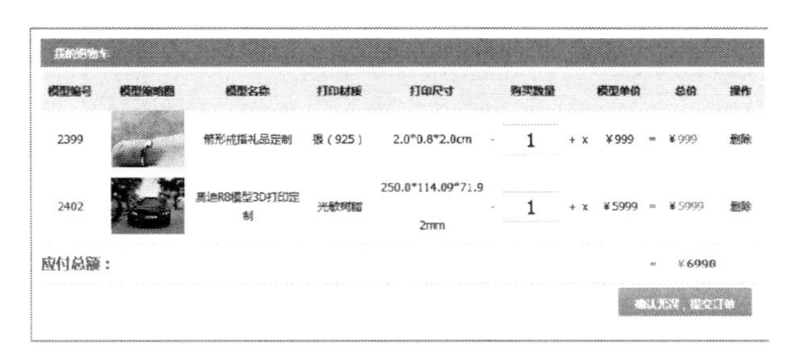

图 13-27　订单确认页面

订单提交后进入订单支付页面(图 13-28)，选择收货地址，进入结算页面(图 13-29)。

图 13-28　订单结算页面

图 13-29　订单付款页面

点击“付款”，完成订单支付。如果支付成功，将跳转到下面的提示页面(图13-30)。

图 13-30 订单支付成功提示

13.3 小 结

本章介绍国内第一家3D打印公共服务平台——纳金网的服务平台及其提供的服务，最后，通过一个实践教程，让读者在纳金网完成一个3D作品的打印。

参考文献

[1] 克里斯.安德森. P92创客新工业革命. 萧潇译. 北京：中信出版社，2012.